本专著系 2021 年度湖南省教育厅科学研究青年项目"中华优秀传统文化融入高校课程思政研究"（课题编号：21B0943）、2022 年度湖南省教育科学"十四五"规划课题"基于'三全育人'理念的应用型本科院校课程思政体系建设研究"（课题编号：ND225886）研究成果。

# 张居正伦理思想研究

张黎 著

湖南师范大学出版社

·长沙·

**图书在版编目（CIP）数据**

张居正伦理思想研究 / 张黎著. —长沙：湖南师范大学出版社，2023.9
ISBN 978-7-5648-5103-3

Ⅰ．①张… Ⅱ．①张… Ⅲ．①张居正（1525-1582）—伦理思想—思想评论 Ⅳ.
①B82-092

中国版本图书馆CIP数据核字（2023）第187009号

ZHANGJUZHENG LUNLI SIXIANG YANJIU

**张居正伦理思想研究**

张黎 著

出 版 人｜吴真文
责任编辑｜吕超颖
责任校对｜张晓芳

出版发行｜湖南师范大学出版社
　　　　　地址：长沙市岳麓区　邮编：410081
　　　　　电话：0731-88853867　88872751
　　　　　传真：0731-88872636
　　　　　网址：https://press.hunnu.edu.cn/
经　　销｜湖南省新华书店
印　　刷｜天津画中画印刷有限公司

开　　本｜710 mm×1000 mm　　1/16
印　　张｜11
字　　数｜200千字
版　　次｜2023年10月第1版
印　　次｜2024年8月第2次印刷
书　　号｜978-7-5648-5103-3
定　　价｜48.00元

# 目 录

绪 论

　　张居正,生于嘉靖四年(1525 年),卒于万历十年(1582年),字叔大,号太岳,幼名张白圭,湖北江陵(荆州)人,故又称"张江陵"。据《明史》记载:"少颖敏绝伦,十五为诸生。巡抚顾璘奇其文,曰:'国器也。'未几,居正举于乡,璘解犀带以赠,且曰:'君异日当腰玉,犀不足溷子。'嘉靖二十六年,居正成进士,改庶吉士。徐阶辈皆器重之。"[1]张居正是明朝中后期的政治家、改革家,万历年间担任首辅,历时 10 年,辅佐万历皇帝(明神宗)朱翊钧开创了"万历新政",史称"张居正改革"。张居正改革是从当时明朝所面临的严峻形势出发,以巩固封建王朝统治为导向而进行的。作为万历皇帝老师的张居正,在呕心沥血教育万历皇帝的过程中,循循善诱地对其进行引导,将自己的思想潜移默化着皇帝,热切期盼皇帝能成为一代圣主,进而实现自己的政治抱负。张居正改革涉及领域众多,涵盖了政治、经济、教育、治学、处事、学术等各方面。张居正兼容儒家与法家伦理思想,倡导"实体达用、经世致用"的经世实学,并以此来指导改革,形成了其独具特色的伦理思想体系,对中国伦理思想史乃至中国古代社会都产生了重要的影响。

---

[1] 张廷玉 . 明史 [M]. 北京: 中华书局,1974.

## 一、选题缘由

文化的开合演进是历史发展的重要组成部分，并以满足当时社会和国家发展的客观需要为目的。作为文化核心的学术思想，也体现出顺应时代发展的特点。而学术思想的研究主体，我们亦可以转向国家政治和精英人物。这些人物大多主张关切时代主要矛盾、回答时代主要问题，因而他们的学术有着益于治国理政、崇实黜虚、经世致用的特点。这种肇始于宋代的中国实学思想，也是儒家思想发展的阶段性理论形态，并在明清之际达到高潮。因此，研究这些国家政治和精英人物就显得尤为必要。

张居正作为中国历史上最著名的改革家之一，对社会发展产生了重大影响。张居正生活在明朝中晚期，这时的中国专制皇权社会逐步走向衰落时期，大明王朝从辉煌步入没落，到了万历皇帝执政时，整个大明王朝已经处在风雨飘摇之中。这时，资本主义开始萌芽，封建生产关系日益成为生产力发展的桎梏，所以张居正改革的出发点就是挽救明王朝。张居正从维持明王朝的长远统治出发，产生了一系列伦理思想，并以此为指导进行全方位改革，力图寻求一条自救的道路。

从效果来看，张居正改革确实起到了巨大的积极作用。在其担任首辅的十年中，协助十岁的小皇帝明神宗推行改革，一度稳定了明朝急剧衰败的局面，使混乱的明朝走向了国富民安。人们赞扬张居正是"救时宰相"，他是在王朝颓败之际临危制变的大政治家，更以威震一世的非常举措彪炳史册。他以其赫赫功绩，堪与商鞅、王安石齐并称为我国封建社会初期、中期与后期最具盛名的三大改革家。在张居正改革的积极推动下，明朝财政收入增加，边境安宁，扭转了自嘉隆以来的衰败局面，万历初年明朝一度有了"中兴"的景象，成为了明朝最富庶的时期。

张居正是杰出的政治家，同时他还先后主持纂修了《明世宗实录》《明穆宗实录》和《万历会典》等大型官书，提出许多改革措施，完善了明代的史馆制度；此外，他还以内阁首辅的身份，凭借自己的权力，恢复、重建了曾长期废置的起居注，所以张居正史学实践及成就在明代史学史上也占有极其重要的位置。正因如此，张居正成为了传统史学研究的精英人物，亦是明史研究长期热点之一，自明清以来就被学界广泛关注，其研究成果众多，形成了所谓的"学术高原"。但当下对张居正的研究，大多数从政治、历史、考据和思想等方面来研究与探讨，研究内容也大多聚焦其改革措施、个人思想、命运及与他人比较等方面，少有人从伦理学方面入手进行研究。因此我选择从伦理学的角度来研究张居正。

张居正改革的过程中，发生了许多重大政治事件，这些事件的发生又大多和伦理范畴紧密联系。张居正之所以能够大刀阔斧地改革，正是仰仗了当时社会所遵循的伦理观念。但随着改革的进行，张居正也承受了不少争议，特别是为了担任首辅而与宦官冯保、李太后结成的政治联盟，以及害怕大权旁落，确保改革进行到底而不愿去职回乡守孝，造成了"夺情"的结果，这些都在历史上引起了巨大争议，也是张居正伦理思想的矛盾所在。这些行为的出发点虽然是保证改革顺利进行，改变明朝满目疮痍的面貌，但客观上与主流的伦理思想相冲突，毁誉参半在所难免，这也正是张居正改革的悲剧所在。

对张居正伦理思想的研究，有助于拓宽研究张居正的领域。通过研究其伦理思想：首先，揭示张居正伦理思想对其对个人及其改革实践的影响，深化对张居正的认识；其次，回看张居正改革中的成功经验与失败教训，提炼张居正伦理思想的精华；最后，继承张居正改革中的积极思想，丰富当前的伦理学研究。

著名学者郦波在中央电视台《百家讲坛》开讲《大明名臣：风雨张居正》，把这个几百年前历史人物勾勒得有血有肉，引得广泛好评。湖北籍作家熊召政的历史小说《张居正》，荣获第六届茅盾文学奖，备受大众喜爱。著名导演苏舟以熊召政的作品《张居正》为蓝本，拍摄的电视剧《万历首辅张居正》在全国热播，形成了一股"张居正热"。2011 年 12 月，张居正研究会在荆州正式成立，标志着张居正文化研究工作步入新起点，迈上了新旅程。湖北是张居正的故乡，与其事业有着密切的关系。同为湖北人的我，希望能尽绵薄之力，为张居正研究出一份力。

## 二、研究现状综述

对张居正伦理思想进行研究论证之前，通过搜集、整理、分析和借鉴相关材料及研究成果，以保证研究论证的顺利展开。本研究将对明清以来国内外有关张居正的研究成果作简要梳理，以确立本研究选题的学术背景。

## （一）明清时期

张居正生前死后争议不断，对其评价也是毁誉参半。一方面，张居正生前所实行的一系列改革活动，取得了明显成效，使日趋衰退的明朝重新焕发了生机。另一方面，张居正改革始终是在尖锐复杂的政治斗争中进行的，威胁了大量既得利益者，从而招致反对派对他的猛烈抨击。这一点在其死后迅速爆发。此后，学术界众多学者围绕如何评价张居正展开了全方位的研究，纷纷阐发了自己的见解，取得了很多成果。时至今日，张居正的功过是非依然有着较大争议。

明清时期，对张居正的评价多样，夸赞与批评之声此起彼伏。官修史书《明史》记载："居正为政，以尊主权、课吏职、信赏罚、一号令为主。虽万里外，朝下而夕奉行。"[1] 明代著名文学家、史学家王世贞在其著作《嘉靖以来内阁首辅传》的前半部分说："居正之为政，大约以尊主权，课吏实，信赏罚，一号令，万里之外朝下而夕奉行，如疾雷迅风，无所不披靡。"[2] 可见，无论官修还是私修史书，对于张居正改革以及随后的新政，都还是给予了肯定的评价。张居正最后联合宦官冯保及李太后取代高拱担任首辅一职，但高拱还是在其《病榻遗言》中说："荆人为编修时，年少聪明，孜孜向学，与之语多所领悟。予爱重之，渠于予特加礼敬，以予一日之长处在乎师友之间，日相与讲析理义，商确治道，至忘形骸。予尝与相期约，他日苟得用，当为君父共成化理。"[3]

张居正在世时，对其赞许之声不绝于耳。特别是尚处年幼的万历皇帝，急需张居正辅助朝政，因此对其赞许有加，平日都是以"先生"尊称张居正，从不直呼其名。万历元年，张居正六年考满，万历皇帝颁布圣旨："元辅居正，社稷重臣，勋重茂著。兹六年考绩，朕心嘉悦。"[4] 此时位高权重的张居正不会允许有反对他的声音存在。他极力打压着自己的反对派，对其的批评声却从未间断。《明史》曾这样评价："居正为人，颀面秀眉目，须长至腹。勇敢任事，豪杰自许。然沉深有城府，莫能测也。"[5] 万历四年，张居正门生——巡按辽东御史刘台上奏弹劾张居正，这篇弹章一开头就气势汹汹，说明朝两百年来一直未设宰相之职，即使是权倾一时的首辅大臣，仍时刻谨遵祖宗之法，不以宰相之名而居，但当今大学士张居正不顾祖法，俨然以宰相自居。作威作福已三四年矣。一年后，张居正的"夺情"之争，更是将矛盾彻底激化。邹元标上疏："今有人于此，亲生而不顾，亲死而不奔，犹自号于世曰我非常人也，

[1] 张廷玉. 明史 [M]. 北京: 中华书局, 1974.
[2] 王世贞. 嘉靖以来内阁首辅传 [M]. 郑州: 中州古籍出版社, 2016.
[3] 高拱. 高拱全集 [M]. 郑州: 中州古籍出版社, 2006.
[4] 张居正. 张居正全集 [M]. 武汉: 崇文书局, 2022.
[5] 张廷玉. 明史 [M]. 北京: 中华书局, 1974.

世不以为丧心，则以为禽彘，可谓之非常人哉。"[1] 户部员外郎王用汲也上疏弹劾张居正："臣不意陛下省灾塞咎之举，仅为宰臣酬恩报怨之私。且凡附宰臣者，亦各藉以酬其私，可不为太息矣哉！"[2] 最后时刻还是万历皇帝力挺张居正，并下旨以命令的形式挽留张居正，而那些上疏批判"夺情"的反对派无不落得廷杖、削籍为民或充军的下场，"夺情"风波由此告一段落。但谁都没有想到，这一切都敌不过最后皇帝的变脸。万历十年七月，张居正去世。不久，皇帝开始对张居正进行彻底清算，不仅抄了张居正的家，而且还贬其儿子充军。万历皇帝说："张居正诬蔑亲藩，侵夺王坟府第，钳制言官，蔽塞联聪，专权乱政，罔上负恩，谋国不忠，本当剖棺戮尸，念效劳有年，姑免尽法，伊属居易、嗣修、顺、书，都永戍烟瘴都察院其棒居罪状于直省。"[3] 而后东林巨子顾宪成不禁感慨："张江陵，堂堂相君也。其重也，能以人贫，能以人富，能以人贱，能以人贵，公卿百寿事倡口诵功颂焉。比其死也，人皆快之，为之党者且相与戕身以避之，惟恐影响之不悬，以蒙其累。"[4] 此情此景，海瑞思绪万千，说出了那句著名的"工于谋国，拙于谋身"。

摆脱了张居正束缚的万历皇帝，如脱缰野马一般，享乐之心日盛，治国之心日趋淡漠。皇帝的授意，反对派的落井下石，一波一波清算张居正的风暴迅速到来，继任者尽摒其政。皇帝不上朝，官员不理公务，明王朝朝政日益腐败，国势江河日下，出现了严重的统治危机，这样的窘境与张居正改革的"十年辉煌"形成了鲜明对比，这时的很多人又开始怀念张居正。万历三十年沈德符说："张江陵身辅冲圣，自负不世之功，其得罪名教，特其身当之耳。昔韩侂胄首至金国，完颜氏葬之，谥曰忠缪侯，谓其忠于谋国，缪于谋身。今江陵功罪，约略相当，身后一败涂地，言者目为奇货。"[5] 万历三十八年高以俭说："评骘大业，睹其遗集，未尝不掩卷太息，继之以泣也。"[6] 万历四十年，在张居正还没有正式平反的情况下，他的儿子张嗣修、张懋修等整理编纂的《张太岳文集》公开刊行，已经乞休归养的原礼部尚书、文渊阁大学士沈鲤为书作序，他赞扬张居正改革之功绩："当时主上以冲龄践祚，举天下大政一一委公。公亦感上恩遇，直以身任之，思欲一切修明祖宗之法，而综核名实，信赏必罚，嫌怨不避，毁誉利害不恤，中外用是凛凛，盖无奉法之吏，而朝廷亦无

[1] 张廷玉. 明史 [M]. 北京：中华书局，1974.
[2] 张廷玉. 明史 [M]. 北京：中华书局，1974.
[3] 明实录 [M]. 上海：上海书店出版社，1982.
[4] 黄宗羲. 明文海 [M]. 北京：中华书局，1987.
[5] 沈德符. 万历野获编 [M]. 北京：中华书局，1989.
[6] 张居正. 张居正全集 [M]. 武汉：崇文书局，2022.

格焉而不行之法。十余年间，海宇清宴，蛮夷宾服，不可谓非公之功也。"[1] 国衰而思良臣。万历末年，吕坤感慨道："父老忆海晏河清之时，士大夫追纲举目张之日，有穆然思，慨然叹者。"[2] 人们越来越怀念张居正，朝野之中也不断出现为张居正平反的声音。明代思想家李贽更是对张居正有着极高的赞誉，他说："江陵，宰相之杰也，故有身后之辱。不论其败而论其成，不追其迹而原其心，不责其过而赏其功，则二者皆吾师也。"[3] 张居正为"宰相之杰"的评价即出于此。"可见直道在人心不容泯，是非未有久而不定者。"[4]

天启元年，首辅叶向高开始着手给张居正平反。眼看吏治腐败，大明王朝日益衰败，很多人也开始追忆张居正，怀念张居正曾经施行的一系列改革所带来的国家安定局势。"居正卒后，廷臣稍稍追述之。"[5] 当年因反对张居正而遭受廷杖并流放，后来重新恢复官职的邹元标，有人指责他阻扰张居正平反，他愤而说道："当时臣无只字发其隐，岂至今四十余年，与朽骨为仇乎？虚名浮誉，空中鸟影，世不以大人长者休休有容之度教臣，望臣如村樵里妪，睚眦必报之流，则未与臣习也。"[6] 以此表明自己并未阻扰张居正平反之事。《明通鉴》也记载："而都御史邹元标亦称'居正功不可没'，乃是有命。"[7] 天启二年，明熹宗下令张居正恢复名誉，复原官，予祭葬，抚其家属，但明熹宗仍旧称张居正"夺情""专权"，平反并不彻底。崇祯二年，礼部左侍郎罗喻义等人再次给崇祯皇帝上疏为张居正鸣冤，崇祯帝下诏恢复其名誉，发还追夺的荫官和诰命："旧辅张居正相皇祖十年，肩承劳怨，力振纪纲，饬举废多，有功可纪。虽以夺情及后蒙议，过不掩功，委当垂恤，所请荫赠所司，看议以闻。"崇祯三年，思宗下令恢复张居正父亲和儿子生前的官衔。同年，《明神宗实录》编成，还是肯定了张居正所作出的贡献。书中记载："丙午，太师兼太子太师吏部尚书中极殿大学士张居正卒。居正性沉深机警，多智数。为史官时，尝潜求国家典故，及政务之切时者剖析之，遇人多所咨询。及赞政，毅然有独往之志向。受顾命于主少国疑之际，遂去首辅，手揽大政，劝上守祖宗法度，上亦悉心听纳。十年内海宇肃清，四夷詟服，太仓粟可支数年，囷寺积金钱至四百余万，成君德。抑近悻，严考成，综名实，清邮传，核地亩，洵经济之才也。使其开诚布公，容贤逮佞，持止足

[1] 张居正. 张居正全集 [M]. 武汉: 崇文书局, 2022.
[2] 张居正. 张居正全集 [M]. 武汉: 崇文书局, 2022.
[3] 李贽. 李贽文集 [M]. 北京: 社会科学文献出版社, 2000.
[4] 张居正. 张居正全集 [M]. 武汉: 崇文书局, 2022.
[5] 夏燮. 明通鉴 [M]. 北京: 中华书局, 1999.
[6] 黄宗羲, 沈芝盈. 明儒学案 [M]. 北京: 中华书局, 1985.
[7] 夏燮. 明通鉴 [M]. 北京: 中华书局, 1999.

之戒，宽大之风，虽古贤相何以加焉！惜其褊衷多忌，小器亦盈，钳制言官，倚信佞悻，方其怙宠夺情时，本根已斫矣，威权震主，祸萌骖乘，何怪乎身死未及，而戮辱随之也。识者谓居正功在社稷，过在身家，谅夫！后数十年人追讼其功天启元年辛酉复其官如制。"[1] 崇祯十三年，礼部为张居正论功，张居正曾孙张同敞为中书舍人。至此张居正彻底平反。

清朝时期，对张居正的评价存在基本肯定与基本否定并存的两种态度。清朝内阁首辅，《明史》作者张廷玉在书中这样总结张居正的一生："张居正通识时变，勇于任事。神宗初政，起衰振隳，不可谓非干济才。"[2] 编成于顺治十年的《国榷》记载："受顾命于主少国疑之日，遂居首辅。迨揽大政，助上力行祖宗法度，上亦悉心听纳。十年来海内肃清，四夷詟服，太仓粟可支数年，囧寺积金不下四百余万。成君德，抑近侍，严考成，覈名实，清邮传，核地亩……居正功在社稷，过在身家。"[3] 另一方面，以谷应泰为代表的人批评张居正执政时期的种种弊病："大节特倾危肖刻，忘生背死之徒耳，而其他缘饰以儒术，炫耀以智数。"[4] "万斯同在《明史·张居正》中称张居正是由于太监冯保而获罪，而且罪行深重。王鸿绪在《明史稿·张居正》中认为其主政革新期间有排挤同僚之嫌疑。傅维鳞将张居正归入权臣之列，在《明书·张居正传》中说他擅权独断结党营私。"[5] 但蔡崛瞻赞誉张居正说："明只一帝，太祖高皇帝是也。明只一相，张居正是也。"[6] 清中叶以后，思想界对张居正的评价，肯定的声调逐渐高涨起来。晚清大臣（时为江苏巡抚）陶澍重刻张居正全集，为之作序论功。而曾国藩、王闿运等人也都对张居正表示了肯定。

### （二）民国时期

民国时期，内忧外患迭起。推翻封建思想，实行新变法成为时代主旋律，张居正作为中国历史上著名改革家再次被学界所关注。在这期间，不少学者先后写了大量张居正新传，散见于报纸和杂志中。这些论著内容虽有不同，却都有一个共同点，就是极力赞扬张居正的功绩，反驳明清时期对张居正的恶劣批评，这也标志着对于张居正的研究进入了系统化的全新阶段。

民国大师梁启超在其主编的《中国六大政治家》中，将张居正与管仲、商鞅、

[1] 明实录 [M]. 上海：上海书店出版社，1982.
[2] 张廷玉. 明史 [M]. 北京：中华书局，1974.
[3] 谈迁，张宗祥. 国榷 [M]. 北京：中华书局，1958.
[4] 谷应泰. 明史纪事本末 [M]. 北京：中华书局，1977.
[5] 曹县委. 论张居正的政治伦理追求 [D]. 南宁：广西民族大学，2017.
[6] 刘献廷. 广阳杂记 [M]. 北京：中华书局，1997.

诸葛亮、李德裕、王安石并列称为中国历史上最杰出的六大政治家，在其《中国历史研究法补编》中称张居正为"明代唯一的大政治家"。钱穆对张居正进行了另一番点评："故虽如张居正之循名责实，起衰振敝，为明代有数能臣，而不能逃众议。张居正为相，治河委潘季驯，安边委李成梁、戚继光、俞大猷。太仓粟支十年，太仆积贮至四百万，及其籍没，家资不及严嵩二十之一。然能治国，不能服人。法度虽严，非议四起。继之为政者，惩其败，多谦退、缄默以苟免。因循积弊，遂至于亡。黄梨洲谓：'有明一代政治之坏，自高皇帝废宰相始。'真可谓一针见血之论。"[1] 在钱穆看来，张居正确实是明朝不可多得的有才干的人，其悲剧的根源是内阁制度本身的问题，废除了宰相制度，却让内阁首辅的地位名实不符。民国著名历史学家孟森在其著作《明史讲义》中说："张居正以一身成万历初政，其相业为明一代所仅有，而功罪之不相掩，亦为政局反复之由。读《居正传》可以尽万历初期之政，特详录之。其逐高拱而代为首辅，事已见前。为首辅之后，具见一时相业，即万历初之所以强盛也。"[2] 孟森没有回避张居正的功过是非，而将问题的根本归结于明朝政局的反复，这一观点非常具有代表性。

　　民国开始，专门研究张居正的学术性论著大量涌现。如陈翊林（陈启天）著《张居正评传》、朱东润著《张居正大传》、蒋星德著《张居正评传》、佘守德著《张江陵传》等。陈翊林所著的《张居正评传》作为民国时期第一本有关张居正研究的论著，书中勾画出了一个几乎完美的张居正形象。陈翊林在书中说："江陵张文忠公生于明代，政绩斐然，实近代中国一大政治家也。然其思想，精神与事业既为旧史家所淹没，复为新学者所忽视，以致迄今蒙谤莫白，殊可惜焉。文忠当君主专制之时，身居政府十有六年，宗严名实，信赏必罚，任劳任怨，以为国家。若而人者，殆旷世不一见者，吾今传而评之，非惟为文忠洗冤，亦为民族增辉也。"[3]

　　而后朱东润所著的《张居正大传》，获得了"二十世纪四大传记"的美誉。在谈及为何写这本书时，朱东润说："中国历史上的伟大人物虽多，但是像居正那样划时代的人物，实在数不上几个。从隆庆六年到万历十年之中，这整整的十年，居正占有政局的全面，再没有第二个和他比拟的人物。这个时期以前数十年，整个的政局是混乱，以后数十年，还是混乱，只有在这十年之中，比较清明的时代，中国在安定的状态中，获得一定程度的进展，一切都是居正的大功。他所以成为划时代的人物者，其故在此。但是居正的一生，始终没有得到世人的了解。'誉之者或

[1] 钱穆. 国史大纲 [M]. 北京: 商务印书馆, 1996.
[2] 孟森. 明史讲义 [M]. 长春: 吉林出版集团, 2016.
[3] 陈翊林. 张居正评传 [M]. 北京: 中华书局, 1934.

过其实，毁之者或失其真'，是一句切实的批评。最善意的评论，比居正为伊、周，最恶意的评论，比居正为温、莽。有的推为圣人，有的甚至斥为禽兽。其实居正既非伊、周，亦非温、莽。他固然不是禽兽，但是他也并不志在圣人。他只是张居正，一个受时代陶熔而同时又想陶熔时代的人物。"[1] 可见朱东润并没有回避张居正的缺点，总体上给予了张居正积极的评价。书中最后写道："同敞死了，他滚烫的血液灌溉了民族复兴底萌芽。整个的中国，不是一家一姓的事，任何人追溯到自己的祖先的时候，总会发现许多可歌可泣的事实；有的显焕一些，也许有的黯淡一些，但是当我们想到自己的祖先曾经为自由而奋斗，为发展而努力，乃至为生存而流血时，我们对于过去固然看到无穷的光辉，对于将来也必然抱着更大的期待。前进吧，每一个中华民族的儿女！"[2] 诚然，这部创作于抗日战争时期的作品，其作者朱东润先生是想通过这部作品激起民众勇于奋斗，不怕牺牲，共赴国难，同仇敌忾，抗击日寇的精神。

### （三）中华人民共和国成立后

新中国成立以后，对张居正的研究进入了百花齐放的阶段。关注张居正研究的人越来越多，研究所涉及的学科也越来越多，包含了政治、经济、军事、历史、法律、文学、哲学等众多领域，研究成果也各具特色，出现了百家争鸣的盛况。大家关注的焦点包括了张居正的总体评价、学术贡献、人物性格特征等各个方面，由此也涌现出了大批研究学者及论著，张居正成为历史人物研究的新热点。

近三十年来国内对张居正的研究，主要围绕张居正总体评价、张居正改革、张居正学术思想、张居正著作整理等方面展开。

#### 1. 总体评价

1950 年秋，著名哲学家、史学家熊十力先生在《韩非子评论——与友人论张江陵》中认为张居正的学术根本还是儒家思想，而深于佛，杂糅道与法，自成一家之学。"江陵学术与事功，皆二千余年来罕见，则向无留意及之者。"[3]

刘志琴著《张居正评传》，认为张居正一如既往，不改初衷，用尽最后一点光和热，为衰败的王朝赢得一度光华。他的改革无疑是可以载誉青史的。"历史就是这样令人悲欢啼笑，当年诽谤新政的人又何尝料到日暮途穷时梦想追回改革的盛景而又时

---

[1] 朱东润. 张居正大传 [M]. 天津: 百花文艺出版社, 2000.
[2] 朱东润. 张居正大传 [M]. 天津: 百花文艺出版社, 2000.
[3] 熊十力. 韩非子评论——与友人论张江陵 [M]. 上海: 上海书店出版社, 2007.

不再来呢？唯有一代勇士燃起的点点星火，长留历史的星空。历史嘲讽的不是张居正的改革，而是断送改革的封建专制主义体制，这是公正的。"[1]

熊召政所著《张居正》，采用了章回体结构，用小说来表现和再现历史人物。接着熊召政又出版了《明朝帝王师》，他在书中写道："在明代所有的帝王师中，张居正对国家社稷贡献最大，对皇帝倾注心血也最多，但他的悲剧也异常惨烈。积劳成疾，病死在任上，后被抄家。"[2]

郦波在《风雨张居正》书中详细分析了张居正的人物性格特征，最后点评："举目大明王朝276年的历史，能力挽狂澜、能开创中兴盛世的张居正难道不也是个奇男子吗？能以一句国家利益至上，迎着反夺情的伦理风暴，把改革事业进行到底的张居正难道不算是个奇男子吗？能超越世人的毁誉，能超越世俗的荣辱，并最终实现个人理想与国家振兴的张居正难道不就是个奇男子吗……也正是出于这个原因，我们如今'为发展而努力'的奋斗历程中缅怀这位为自己的国家与民族做出过巨大贡献的先人！"[3]

毛佩琦在其论文《张居正历史定位再议》中谈到，张居正并没有建立新法，他只是在原有已经被普遍接受与认同的政策之上，加强了实施的力度，严明了纲纪，提高了执政效率，这才是张居正得到赞扬的原因。"他是明朝历史上一位重要人物。他以天下为己任，不畏讥弹，敢于担当，有传统政治家的优秀的政治品格……他教育、辅佐幼主十年，弼成万历初政，鞠躬尽瘁，死而后已，堪称一代良相。张居正利用专制权力，强化管理，振衰起弊，使明朝出现了暂短的中兴，是少有的治世能臣，是传统意义上的大政治家。"[4]

### 2. 张居正改革

张居正改革一直是学术界研究的重点，而研究的主要内容大致有三种：一是张居正改革的整体概述；二是张居正改革的具体内容与相关政策；三是张居正与其他改革家的比较研究。现梳理如下：

（1）张居正改革的整体概述

近年来学术界产生了许多对张居正改革进行专题性研究的学术专著。肖少秋所著的《张居正改革》是一部系统介绍张居正改革的专著。该书全面介绍了张居正的"十年改革"，将改革归结于统治集团试图克服统治危机行动的延续和发展。全书从

[1] 刘志琴. 张居正评传 [M]. 南京：南京大学出版社，2006.
[2] 熊召政. 明朝帝王师 [M]. 北京：北京十月文艺出版社，2013.
[3] 郦波. 风雨张居正 [M]. 北京：中国民主法制出版社，2009.
[4] 毛佩琦. 张居正历史地位再定义 [J]. 博览群书，2010（10）.

改革背景、张居正为除弊政的努力、逐步稳定的政局、整顿吏治、整顿学政、安定边陲、整顿财政、人亡政息八个方面对张居正改革进行了专题性研究。在肖少秋看来，改革是历史的产物，明代的统治危机导致改革必然发生，张居正正好在那个时候出现了。一方面，张居正有着强烈的责任感与过人的胆识和宽阔的胸襟。另一方面，张居正之所以成功，还因为他在施政中具有较高的策略水平。最后肖少秋说："历史是有情的，历史不会忘记为它的发展作出过贡献的人。然而，历史又是无情的。崇祯皇帝能够恢复张居正的名誉，却无法恢复到张居正改革的时代。挽救危机的最后时机已经一去不复返了。四年之后，明王朝也就灭亡了。"[1]

南炳文、庞乃明主编的《"盛世"下的潜藏危机——张居正改革研究》，从张居正改革时期的荒政、少数民族政策、统治集团内部关系处理、西力东渐四个方面，分析了张居正改革中的不足。书中说道："这一研究并非为了苛求古人，更不是故意揭短。其实古人之不足，当属其时代局限所致，后人之得以发现其不足，乃是由于后人已无其时代局限所致。"[2]

樊树志等人所著的《铁血首辅张居正》认为张居正铁腕改革，史上留名。经过张居正十年苦心经营，明朝成为了一个在对外贸易中占世界白银总量四分之一以上的经济大国，这对于一个之前还风雨飘摇的国家来说可谓是一剂强心剂。经济问题是关乎国家存亡的重要问题，张居正改革不仅使经济问题得到了很大程度的缓解，还增加了国库收入，使国库从吃紧到库藏充盈。同时通过与别国的经贸往来，促进国家经济多元化发展的同时还缓解了边疆的紧张局势。这些迹象都让明朝向着好的方向发展。但张居正的改革在其死后便付之东流。所以樊树志感叹："张居正在万历初年升任首辅，十年时间，他在协助培养小皇帝的同时推行新政，把衰败、混乱的明王朝，治理得国富民强，而他也被誉为'救时宰相'。这是褒奖，也是不幸而言中，要知道救时者救得了一时，救不了一世，甚至救不了自己的家人。"[3]

论文方面，韩晓洁在《政治家的人格与改革的成败——论张居正改革失败之个人因素》中认为，张居正苦心经营十年的改革，之所以死后付诸东流，这与其个人骄横、专断、偏狭，且好听阿谀奉承之词等着重要关系。"作为一名改革家、政治家，应该有海纳百川的风范、戒骄戒躁的操守作风，而在张居正身上我们恰恰找不到这些，这是他的致命弱点。这也必然预示着他身后隐伏的危机和连同改革成果的

[1] 肖少秋.张居正改革 [M].北京：求实出版社，1987.
[2] 南炳文，庞乃明."盛世"下的潜藏危机——张居正改革研究 [M].天津：南开大学出版社，2009.
[3] 樊树志，吴琼，金波.铁血首辅张居正 [M].上海：上海文化出版社，2008.

同归于尽。"[1] 刘志琴在《论张居正改革的成败》中认为，张居正死后，明朝再也没有出现过一位能够挽救明王朝的人物，明王朝的病疾再也无法医治，以致最后落得灭亡的命运。"这是明王朝的不幸！是一代社会的悲剧！历史嘲讽的不是张居正改革，而是断送这个改革的封建社会。这是公正的裁决。"[2] 赵阳在《张居正改革成败刍议》中说："张居正改革留给后人的是一座丰碑。这段风云变幻的历史再次证明那个古老的道理：要进步就必须改革。"[3] 曾军在《〈张居正〉：改革的辩证法》中，将张居正称为改革运动中的领袖、首领、总设计师和坚决的执行者。十余年间，张居正可谓是"呕心沥血曲尽其巧"，竭尽全力辅佐年幼的明神宗，但其死后不久便被剥夺了一切封赠，其一手推动的改革大业也同时付诸东流，这无疑是个巨大的悲剧。"改革最终未能完成制度性的设计，使体制有一种自我适应和调整的能力，而仅仅依赖于体制内个人的良知与威权，则难免失败的命运。我想，这不仅仅是我个人对于张居正改革的反思，同时也是一切想要让改革在中国获得成功者所必须思考的问题。"[4] 杨聪在《张居正改革的文化解读》中认为，张居正积极进取的精神造就了张居正在人生道路上的永不止步与奋力而为，最终把他的人生和改革推向了顶峰。杨聪感慨："九死未悔的家国情怀也是荆楚文化的优秀因素之一，这种文化精神驱使张居正为了大明王朝呕心沥血。"[5]

（2）张居正改革的具体内容与相关政策

张居正改革涉及政治、经济、教育、军事、民族政策等各方面，成效显著。现将专家学者观点从以下几个方面进行概述：

①政治方面

樊树志在《明史讲稿》中指出，张居正早在隆庆二年就上疏《陈六事疏》，对病入膏肓的政局提出了自己的独到见解。当时明朝官场的不良风气由来已久，张居正早已心怀不满。他针对长期以来形成的官僚主义、文牍主义，毫不客气地指出，官员们把处理公文作为首要工作，日复一日，年复一年，公文写了很多，成效几乎没有。因此，张居正改革的首要方面就是整顿吏治，政治方面的改革成为了张居正改革的首要任务，进而考成法被隆重推出。考成法这样一种明确可行，又容易检查的制度，营造了官场雷厉风行的政治气氛。考成法是张居正整顿吏治的第一步，也只是政治改革的一个方面。樊树志独到地指出："他的总体思路，是按照'综核名实，

[1] 韩晓洁. 政治家的人格与改革的成败——论张居正改革失败之个人因素 [J]. 长江大学学报（社会科学版），2004(1).
[2] 刘志琴. 论张居正改革的成败 [M]// 史研究论丛（第三辑），南京：江苏古籍出版社，1985.
[3] 赵阳. 张居正改革成败刍议 [J]. 理论界，2009（9）.
[4] 曾军.《张居正》：改革的辩证法 [J]. 长江大学学报（社会科学版），2005(3).
[5] 杨聪. 张居正改革的文化解读 [J]. 寻根，2015(2).

信赏必罚'的原则,全面关注吏治的各个方面,包括'公铨选''专责成''行久任''严考察'等,考成法仅仅是'严考察'题中应有之义,其他方面并没有涉及。"[6]樊树志将"公铨选""专责成""行久任""严考察"归纳为张居正政治改革的四大方面。傅衣凌主编的《明史新编》谈到,张居正政治改革遵循"尊主权、课吏治、信赏罚、一号令"原则,"加强中央政府的控制能力,树立、维护内阁和皇帝的权威。首先必须克服自明正统以来皇朝皇帝那种荒嬉乖戾的偏颇作风"。[7]针对张居正独揽政治改革大权等批评之声,黎东方认为张居正虽然大权独揽,但他却未包而不办,反而是纲举目张。张居正的政治改革,效果明显。"他注重行政的系统,可见他不是不懂得分层负责的道理。他并未把六部的权力剥夺净尽。事实上给了它们以应有的充分权力。张居正办事严格,但对人并不苛刻。"[8]

论文方面,张海瀛在《从考成法看张居正的"虚君"思想》中认为,当时皇帝年幼,因而皇权已经不起作用,其作用可由首辅实现,这就是张居正的"虚君"思想,也是张居正实行考成法的根本目的所在。"张居正通过创行考成法,谱写了一部置天子于有无之外,内阁集权,首辅执政的历史。皇帝无为,首辅有为。皇帝逸,首辅劳;皇帝高拱于上,首辅指挥一切,这就是张居正'虚君'思想的写照。"[9]胡铁球《新街张居正改革——以考成法为中心讨论》中认为张居正政治改革的核心"考成法"并没有触及造成明代财政危机的核心体制,是典型的"挖肉补疮式改革"。考成法明确规定了官员们政绩考核标准,要求各级政府根据赋役册籍查核完欠,对于所欠部分进行追讨,但追讨方式太过残忍严酷,甚至如果追讨未果,相关纳税者及责任人还要进行垫赔,这就为后来的危机埋下了伏笔。所以"张居正苛刻的考成法,最后引起了明末大规模的民变。以往我们总认为他们推行的'改革方案'本身没错,错的是用人不当或没有长期有效推行,实际上完全不是这样,而是他们的改革方案本身就违背了经济规律或基本的人性"。[10]

②经济方面

张居正在经济方面的改革,通过清丈田亩、实施一条鞭法、整顿驿递等手段实施。

唐文基在《明代赋役制度史》中认为,土地兼并与赋役不均是造成社会危机的重要原因。因此张居正着手在各地陆续开展丈田均税活动,并同时拟定清丈田粮八款,规定了丈量对象和丈后纳税的原则,明确了丈田的期限、计算方法和经费开支,

[6] 樊树志.明史讲稿 [M]. 北京:中华书局, 2012.
[7] 傅衣凌, 杨国桢, 陈支平.明史新编 [M]. 北京:人民出版社, 1993.
[8] 黎东方.细说明朝 [M]. 上海:上海人民出版社, 1997.
[9] 张海瀛.从考成法看张居正的"虚君"思想 [J]. 朱子学刊, 1994（1）.
[10] 胡铁球.新解张居正改革——以考成法为中心讨论 [J]. 社会科学, 2013(5).

使得明朝财政状况明显改观。在丈田均税基础之上，张居正大力推行"一条鞭法"，全部赋役简并为一体，将赋归于地，计亩征收；把力役改为雇役，由政府雇人代役。"一条鞭法对社会生产力的发展，起了促进作用。这些历史进步性，是当时商品货币经济发展使然，又反过来推动了商品货币经济的发展。"[1] 万明在《传统国家近代转型的开端：张居正改革新论》之中认为，长期以来，传统国家采用实物税，规定以米麦、绢麻等实物形态为主来缴纳税收。而"一条鞭法"的实施在中外变革的历史大环境下，使国家逐步建立以白银货币为主的新的财政体系，这正是张居正改革的功绩。在中国财政史上，实物税大量为货币税所代替，自明朝始。明代白银货币化，白银在明代成为完全形态的货币，并逐步形成社会流通领域的主币，与世界市场接轨，货币税的基础正式奠定。财政上统一以银计税，并统一征银，这是中国古代历朝历代前所未有的重大变革，具有划时代的意义。[2] 驿站改革在张居正经济改革之中也占有着重要作用。史曦禹在《明代辽东地区驿站研究》中认为："明朝主张驿递制度改革的众多官员中，取得成效最显著的当属万历年间的张居正改革。"[3] 张居正通过限制官员滥用驿站资源的特权，有效杜绝了当时社会普遍存在的公家物资私人随意占用的现象，加强了驿递资源的使用率，并要求驿站按照国家制定的招待标准向驿递资源的公差、使节供应粮食菜品和必需品，不得奢侈浪费及行贿受贿，节省驿递资源开支的同时也形成了良好风气。

③教育方面

张居正的教育改革包括严禁讲学、整顿书院、改革科举等。张居正针对当时讲学之风盛行，书院遍天下，直接冲击学校教育的情况，大力进行书院改革。尹选波认为张居正的此次教育改革具有彻底性与全面性："张居正反对当时的讲学，禁毁私自创建的书院，不仅将书院的房舍改为公廨衙门，而且将书院的粮田予以没收，从而使书院失去了存在的物质条件，很难再度恢复。"[4] 正是这次全面的改革，恢复了以往学校教学的作用，同时还整顿了科举和岁贡，营造了良好的外部环境，为有效选拔人才奠定了基础。张迁认为，此前书院中无边无际的空谈以及抱怨时弊的现象通过整顿书院后大为改观。但学术是要能解决现实问题的，所以张居正主张实学实用，强调学校教育应以实学为主，反对王学末流游谈无根，空谈心性。[5] 刘万帅、田良臣在《张居正学政改革的课程思想及其启示》中认为，张居正崇尚讲究实际、

[1] 唐文基. 明代赋役制度史 [M]. 北京：中国社会科学出版社，1991.
[2] 万明. 传统国家近代转型的开端：张居正改革新论 [J]. 文史哲，2015(1).
[3] 史曦禹. 明代辽东地区驿站研究 [D]. 大连：辽宁师范大学，2014.
[4] 尹选波. 论张居正的教育改革 [J]. 广东社会科学，1999(2).
[5] 张迁. 张居正教育思想研究 [D]. 武汉：华中师范大学，2005.

学以致用的学术，通过整顿学政和禁毁书院改变空谈与复古的无用思潮，张居正在改革过程中对学政的每个环节（目的、内容、考核、学官）都做了深刻的反思，并且制定了严格、明确的规定[1]，配合、推进了整体的社会变革，为明朝选拔实用人才奠定了基础。

④军事方面

张居正改革在军事方面的内容包括加强国防建设、整饬边屯、整顿军备等。当时的明朝饱受"南倭北虏"、"夷"军突起的困扰。为了加强国防建设，首先要充分发挥武将的作用，提升武将的地位，改变以往"重文轻武"的风气。齐悦在《明代版将相和:张居正与谭纶、戚继光的故事》中谈到，张居正给予大量武将权力，谭纶、戚继光、李成梁等一批为江山社稷立下汗马功劳的武将们，均被张居正赏识、提拔和支持，其中尤以戚继光为甚。戚继光也不负厚望。经过两年多紧张而艰苦的施工，东起山海关、西至嘉峪关幅员万里的土地上，屹立起一道由一千零十七座墩台构成的钢铁防线，形成了"十四路楼堞相望，两千里声势相援"的防御体系。坚固雄壮的敌台随蜿蜒曲折的地势，高低相间，崇墉百雉，蔚为壮观。正所谓兵马未动粮草先行，为保证边防的粮饷需求，明朝曾大兴屯田，但到后来由于边防吃紧，屯田遭到严重破坏。任同振在《张居正与北方边政》中谈到，张居正为了增加粮饷，加强边防，开始大量整饬边屯，清丈屯田，"经过整顿，既扩大了屯田面积，增加了国家财政收入，又解决了边军的衣食之苦,巩固了边防"[2]。当年张居正的《陈六事疏》就提到了整饬军备，而后张居正按照这一思路，解决了用人、粮食的后顾之忧，接下来就是整顿军队、加强训练。张海瀛在《张居正军事改革初探》中谈到，当时明朝的军队组织混乱，纪律败坏，战斗力很差。鉴于上述情况，张居正提出"兵不患少而患弱"的改革主张。一方面他要求从京师到边防所有的军队，都要进行整顿，加强训练，另一方面他又以蓟州为据点，全力支持戚继光整军练兵、加强战守的各项建议。这样，张居正便逐步贯彻了他的改革主张。[3]

⑤民族稳定方面

张居正在军事上的改革，目的是加强边备，建立防御。与此同时，为了进一步稳定边境局势，张居正在民族政策上也进行了大力改革。南炳文、庞乃明在《"盛世"下的潜藏危机——张居正改革研究》中认为，张居正承袭了祖宗旧制，重视与周边各少数民族之间的贡市贸易，通过赐赏封贡，给予"臣服"于明朝的少数民族以最

[1] 刘万帅，田良臣.张居正学政改革的课程思想及其启示[J].贵州师范大学学报(社会科学版)，2011(5).
[2] 任同振.张居正与北方边政[D].呼和浩特:内蒙古大学，2012.
[3] 张海瀛.张居正军事改革初探[J].晋阳学刊，1986(1).

高礼遇,维持了与俺答蒙古诸部落之间的关系。同时恢复了互市贸易,规模不断扩大,解决了双方之所需。针对西南地区民族冲突不断升级的形势,张居正遵循"因地制宜,因族制宜"的思想,采取了一系列的政策和措施。张怡涵在《张居正改革时期边疆民族思想研究》中认为:"明廷在面对西南地区少数民族起义……'恩威并施''剿抚并用'……使得南方的局势稍为稳定。"[1] 在与女真族的关系上,展龙在《张居正改革时期民族政策得失论》中认为,明朝只是维护边防、控制女真族,虽有通贡和互市,但缺乏经济交流需要的考虑,从而忽略了女真各部社会经济迅速发展,"明朝并没有配套实施有效的行政管理政策、文化教育政策和宗教信仰政策,相反却禁止官民与女真人进行更广泛交往和交流。凡此,都无益于女真社会经济的发展,不利于民族关系的融合和发展。"[2]

(3)张居正与其他改革家的比较研究

张居正改革作为最重要的变法运动,人们总是将其与历史上历次重大改革进行比较。吴建华在《关于王安石与张居正清丈土地迥异结局的探析》中认为,皇帝的支持与否是王安石和张居正变法的关键差别所在。以王安石为代表的变法派的支持者是宋神宗,然而神宗虽锐意变法,但为了维护大地主大官僚的利益,时常在变法的关键时刻,态度摇摆不定,无法为王安石提供强有力的支持。而张居正所处的时代,明神宗万历皇帝刚刚即位,各方面都需要仰仗张居正的帮助,所以即使有张居正"夺情"之争,明神宗还是力挺张居正。两人改革效果迥异,"究其原因,乃是王安石与张居正两位改革家的政治后台宋神宗和明神宗对其改革者截然不同的态度所致"。[3] 蒿峰在《范仲淹、王安石、张居正变法异同论》中认为:"范、王、张三人领导的变法运动从性质上说都属于地主阶级内部的改良运动,其目的是挽救封建统治的全面危机。这就决定了变法是自上而下的、受封建统治最高层次——皇权的制约。"[4]

### 3. 张居正学术思想

嵇文甫在《晚明思想史论》中,对张居正学术思想的价值给予很高评价。嵇文甫认为,张居正反对讲学,禁毁书院,杀何心隐,以学术为根底实现其政治建树。"综观江陵生平言行,尊主威,振纪纲,明赏罚,核名实,讲富强,重近代,孤立

---

[1] 张怡涵. 张居正改革时期边疆民族思想研究 [D]. 开封: 河南大学, 2018.

[2] 展龙. 张居正改革时期民族政策得失论 [J]. 民族论坛, 2013(7).

[3] 吴建华. 关于王安石与张居正清丈土地迥异结局的探析 [J]. 广东社会科学, 1995(4).

[4] 蒿峰. 范仲淹、王安石、张居正变法异同论 [J]. 山东社会科学, 1988(6).

一身，任劳任怨，纯是法家路数。"[1]李锦全在《试论张居正在哲学上的尊法反儒思想》中认为，张居正继承法家重视实效的观点，将实效性作为检验认知真伪和言论正确与否的关键。这种实效性的学术观点大量运用到政治、用人、经济等方面。"在明朝万历初期张居正执政期间，由于他推行法家路线，由于张居正要维护封建地主阶级对人民的统治，所以不可能彻底尊法反儒，甚至在地主阶级内部出现不利于封建专制统治思想时，他也要加以镇压。"[2]于树贵在《张居正经世实学思想初探》中认为，张居正秉持"心不能化万境"的理念，批判阳明后学空谈误国，而只有那种能够经世致用的学问才是真正的学问，对当时的社会有着积极的意义。"他的经世实学思想虽然缺少理论的创造性，但他能够身体力行地实践这种哲学，这在晚明'人乐于因循，事趋于苦窳'（《陈六事疏》）的官场中称得上是一位特立独行之士。"[3]高寿仙在《治体用刚：张居正政治思想论析》中认为，张居正倡导"法后王"理论，提倡以"威强"治国，强调"治体用刚"的现实必要性。张居正沿用了法家的政治理念和治国手段，但其政治改革的具体目标，却又包含了大量儒家的民本理论，"张居正的学术思想，显然杂糅了儒法两家"。[4]熊焱在《张居正讲评〈诗经〉的思想渊源探析》中认为，张居正构建其诗学思想，"诗评详略分明，重点突出：不拘泥于历史背景的追溯和字词章句的考释，而是缘诗生义，提炼出修身经世的道理，体现思想教化功能。通过对诗句本身含义的解读，以及由此生发的评价"。[5]

### 4. 张居正著作整理

张居正在世时，写下了许多著作，也留下了不少奏疏、诗歌、书信。张居正去世后，后人将这些内容进行整理编纂，形成了文集等著作，一直流传至今。

张居正文集的演变历经三次变化。万历四十年（公元 1612 年），张居正的儿子张嗣修、张懋修将其奏疏、诗歌、书信等内容整理编纂后定名为《张太岳文集》。《张太岳文集》分为四部分，即诗六卷、文十四卷、书牍十五卷、奏疏十一卷，共四十六卷，后有《行实》一卷，总为四十七卷。清光绪时，由田祯主持重新修订校勘，更动了原书结构，总四十八卷，称为《张文忠公全集》。1987 年，张舜徽编著的《张居正集》出版发行。该书以田祯的《张文忠公全集》为底本重新进行标点、分段、校勘、注释，改编了附录。全书分为四册：第一册为奏疏，共十三卷；第二册为书牍，共十五卷；

[1] 嵇文甫.晚明思想史论 [M].北京：中华书局，2018.
[2] 李锦全.试论张居正在哲学上的尊法反儒思想 [J].中山大学学报（哲学社会科学版），1975(1).
[3] 于树贵.张居正经世实学思想初探 [J].湖南师范大学社会科学学报，2005(6).
[4] 高寿仙.治体用刚：张居正政治思想论析 [J].江南大学学报（人文社会科学版），2013（1）.
[5] 熊焱.张居正讲评《诗经》的思想渊源探析 [J].重庆第二师范学院学报，2018（4）.

第三册为文集，共十一卷；第四册为诗（共六卷）、女诫直解（共一卷）、附录（共二卷）。

张居正曾先后担任明穆宗隆庆皇帝的侍讲侍读，明神宗万历皇帝的知经筵官。隆庆六年下半年到万历年元年十二月之间，张居正为万历皇帝讲解《资治通鉴》，后人根据其讲稿整理编纂成《通鉴直解》。全书上起三皇五帝，下至五代后周世宗柴荣。每一段《资治通鉴》原文的后面，都附有张居正的点评，字字珠玑，饱含深刻的哲理。万历元年，张居正同翰林院讲官为当时年仅十岁的小皇帝明神宗量身定做《四书直解》（原名《四书集注直解》），该书作为宫内读本供万历皇帝学习使用。同时，张居正亲自编撰《帝鉴图说》，同样是供万历皇帝阅读的教科书。该书由一个个小故事构成，每个故事配以形象的插图。全书分为上、下两篇，上篇以"圣哲芳规"为主线，讲述了历代帝王的励精图治之举，希望万历皇帝能从中学习先人治国之良方。下篇以"狂愚覆辙"为主线，列举并剖析了历代帝王的倒行逆施之祸，意为告诫万历皇帝不要重蹈覆辙。

## 三、研究方法

### （一）文献研究法

为了更好地探究张居正伦理思想及其内在联系，需要大量收集相关研究文献并对其进行查阅、分析、整理，力图找寻事物本质属性。本研究在撰写期间，查阅了国内外相关古籍、著作、期刊、论文等文献 100 余篇，特别是通过研读《明实录》《明史》《明通鉴》《国榷》《明史纪事本末》等大量与明史相关的官方史料与私人著作，还原历史事实；结合《张居正评传》《张居正大传》《张居正改革》《风雨张居正》等有关张居正评论性的著作，整理大量与张居正相关的论文，全方位、多角度地研究张居正的生平经历；提炼概括张居正奏疏、诗歌、书信、书牍的文集《张居正集》，梳理张居正所著的《四书直解》《通鉴直解》《帝鉴图说》中张居正重要伦理思想，以求深入剖析。根据本书的主题梳理和编排资料，找到证明相关观点的论据，增强立论的准确性和可信性。

### （二）多学科理论交叉研究法

研究张居正伦理思想，要综合运用不同学科的理论和方法。伦理学与历史学、政治学、社会学，以及思想史、边疆史、文化史、儒学史、中外关系史等密切相关，通过借鉴其他学科的理论与方法进行研究，拓宽研究视野，提升理论高度。

### （三）比较分析法

对张居正伦理思想的研究不能囿于局限，要将张居正的伦理思想与其他人物的伦理思想进行比较研究，特别是与历史上其他改革家的对比研究，通过与其他不同历史时期和不同学术流派的人物思想进行比较，找到张居正伦理思想的价值所在。

### （四）历史和逻辑相统一的方法

研究张居正伦理思想，一定要从张居正所处的明朝中后期的政治、经济、社会环境等方面进行客观的考证和分析，以万历年间的改革背景与明朝的基本制度和前朝的政治与经济为背景，找到张居正伦理思想产生的历史依据，还原张居正伦理思想的原貌。同时，通过全面分析研究张居正伦理思想，建构其伦理思想的内在逻辑结构，围绕其伦理思想的核心和主题，揭示张居正伦理思想的本质和内涵。

第一章　张居正伦理思想产生的历史背景及理论基础

张居正伦理思想的产生有着深刻的历史背景及理论基础。张居正生活在明朝中晚期，此时土地兼并和赋役不均导致封建剥削日益严重，农民起义不断发生。再加上倭寇的侵略以及鞑靼贵族的骚扰，风雨飘摇的明朝国库空虚，国用匮乏，整个王朝陷入了内忧外患，危机四伏的困境之中。而统治阶级内部吏治腐败，弊端丛集，也加深了内部的政治分化。此时的明朝亟待改革，改革的呼声也日益高涨，明朝积弊的窘状就成为了张居正伦理思想产生的历史背景，鉴于当时的社会现实，必须大力改变旧习才能维持王朝的统治及国家的安宁。改变旧习需要有能解决实际问题的理论进行指导，因而张居正在继承儒家传统思想的基础之上，积极倡导经世致用的"实学"，大力扫除无用之功，并吸收法家之所长，实现了儒法思想的大融合，最终构成了其伦理思想的理论基础。

# 第一节 张居正伦理思想产生的历史背景

## 一、政治背景

张居正出生在嘉靖四年，他一生的大部分时光都是在明世宗朱厚熜的时代（嘉靖朝代）度过的。而明世宗皇帝的怠政及当时朝政的混乱景象对日后张居正伦理思想的形成产生了深刻的影响。

正德十六年（1521年）三月，明武宗正德皇帝朱厚照病逝，但明武宗无子，朱厚熜按皇明祖训"兄终帝及"，以近系宗支的关系，由外藩世子身份继承皇位。

以外藩入继的嘉靖帝，在其登基后不久就掀起了旷日持久的"大礼议"之争，意在取得朱氏皇统正宗的地位。这场争论造成了官员群体的分裂，反对派与迎合派针锋相对，朝臣们开始了漫长而激烈的争论和搏击。作为挑起这场风波的嘉靖本人，不惜以杖、逐、杀等野蛮手段镇压反对者，以国政停摆、朝纲大乱的代价为自己和已故的父亲争取名分。"细考其用心，绝不仅仅是为给本生父母夺取到跻入明代诸帝后正式序列的至尊殊荣；为死人争名分归根到底是为自己争名分，满足自己所渴求的天潢嫡裔，正当得位的虚荣心理。"[1] 最终这场"大礼议"之争在历时十七年零三个月后终于落下帷幕。

另一方面，"好神仙术"的嘉靖皇帝自继位后便开始劳民伤财、大兴土木以求得长生不老，对国家社会政治产生了极坏的影响。此时的明朝已经开始深陷困境，可嘉靖皇帝仍不为所动。嘉靖初年一度还有革新时政的景象，可是从嘉靖十八年（1539年）开始，"随着世宗帝位的日趋巩固，革新进程日益减缓"[2]，醉心于享乐，妄想长生不老的嘉靖皇帝开始长期斋居西苑内宫不再

[1] 韦庆远. 暮日耀光: 张居正与明代中后期政局 [M]. 南京: 江苏凤凰文艺出版社, 2017.
[2] 田澍. 嘉靖革新研究 [M]. 北京: 中国社会科学出版社, 2002.

临朝议政，沉迷道教，宠信道士，着力大搞斋醮及一系列祭祀仪式，即便召集大臣应制，也是要他们代写斋醮的祷祝词。而精于写祷祝词也成为了嘉靖皇帝界定群臣是否忠诚可信，是否有才干的主要标准。当时一批致力于撰写祷祝词的人士纷纷得到重用，写祷祝词也成了他们邀宠谋私的工具。而另一些人也不得不迫于当时的形势而去撰写祷祝词，求得一立足点，迂回实现自己的政治抱负。那些反对斋醮的正直大臣，嘉靖皇帝则予以重惩。御史杨爵上疏嘉靖皇帝，指出其宠信奸臣、大兴土木、迷信道教之危害，结果一片忠心的杨爵却换来被关进监狱忍受七年牢狱之灾的结局。这样一来，"进取求治意志的日益减弱，使革新处于停滞状态，对明代政治产生严重后果"[1]。此时嘉靖皇帝已深陷"好神仙术"之中，好不容易国家整顿边防取得了一些成效，他却将其归功于自己祷告的结果。而后他又纵情色欲，想通过服食方士们用各种秘法炼制的丹药，既达到壮阳的功效又满足长生不老的奢望。更严重的是嘉靖皇帝还准备让太子监国，从而自己可以潜心炼制仙丹，虽然最后监国之议不得不取消，但嘉靖皇帝还是一如既往地沉迷于炼制丹药之中。一心炼丹的嘉靖皇帝早已不理朝政，朝廷内外日常事务的处理就落在了首辅严嵩身上。而这个靠为嘉靖皇帝撰写祷祝词而得宠的大臣，因其有皇帝的专宠，便开始借机大肆弄权，排除异己，贪赃枉法，搞得朝廷上下乌烟瘴气。嘉靖皇帝为了维护自己的尊严，虽一再袒护严嵩，但揭露严嵩不齿行径的官员十多年来从未减少，弹劾严嵩的奏疏也未曾间断，反对严嵩之声一浪高过一浪。倍感严嵩实在不得人心的嘉靖皇帝终于下令严嵩致仕，由徐阶接任首辅。徐阶担任首辅后虽采取了许多补救措施，但局势仍无明显好转。

嘉靖皇帝死后明穆宗隆庆皇帝登基，刚开始他还可以力行节俭，信用内阁辅臣，但也未能处理好内阁辅臣之间的矛盾，而后又沉迷媚药和女色，导致荒于政事，朝内衰败景象一如往昔。

张居正目睹朝政破败，忧心忡忡，在隆庆二年上疏《陈六事疏》，直言不讳："但近来风俗人情，积习生弊，有颓靡不振之渐，有积重难反之几，若不稍加改易，恐无以新天下之耳目，一天下之心志。"[2]

"其大者曰宗室骄恣，曰庶官瘝旷，曰吏治因循，曰边备未修，曰财用大匮，其他为圣明之累者，不可以悉举，而五者乃其犹大较著者也。"[3]此句来自于张居正所撰写的奏疏——《论时政疏》。1549年，时年25岁的张居正担任翰林院编修，委婉指出了嘉靖皇帝不理朝政，不亲贤臣，以及当时祸国殃民的种种弊政，可谓勇气可嘉，同

[1] 田澍.嘉靖革新研究[M].北京:中国社会科学出版社,2002.
[2] 张居正.陈六事疏[M]//张居正全集.武汉:崇文书局,2022.
[3] 张居正.论时政疏[M]//张居正全集.武汉:崇文书局,2022

时也展示了自己的政治抱负。隆庆二年，张居正在《陈六事疏》中曾指出："臣窃见近年以来，纪纲不肃，法度不行，上下务为姑息，百事悉从委徇，以模棱两可，谓之调停，以委曲造就，谓之善处，法之所加，唯在于微贱，而强梗者虽坏法干纪而莫之谁何。"[1] 嘉靖隆庆年代，皇帝的诏令下达后，各级官员只是传达，执行与否或是执行效果如何都无人问津，没有人进行监督执行，这就使得朝廷的诏令变为一纸空文。长期以来，官员们大多沉溺于安逸之中，纵然国家处于内忧外患之中，他们大都毫无察觉。那些久居官场的官员们，大多习气日趋刻薄，结党营私，不择手段争名夺利，对为数不多的廉洁官员进行打击报复。整个朝廷内部贪污腐败之风盛行，弊端丛生。

## 二、经济背景

地主阶级和农民阶级作为专制皇权社会中的两个主要阶级，他们之间的矛盾是社会的最主要矛盾，而矛盾的交叉点就在于"赋役"上。明代的赋役制度对地主阶级和农民阶级的区别对待，对社会的稳定造成了严重影响。此时的明朝，绝大多数的人口以农业为生，土地是主要的生产资料，小农经济是社会的主要经济形式。"赋"指"田赋"，它是由国家向农民征收的农业土地税，是国家的主要财政收入来源；"役"指"徭役"，它要求年龄在十六岁以上，六十岁以下的男子，必须定期定额提供无偿的劳动。"赋役"制度为明王朝提供了稳定的税源和劳动力，因此"赋役"征收情况的好坏标志着国家国力强弱，国事兴衰，而负担"赋役"的百姓的生活状况与稳定程度是社会稳定与否和朝廷统治巩固与否的重要标准。

此时明朝"赋役"的混乱征收状况对百姓的生活造成了严重影响，社会稳定受到了极大挑战。一方面是"田赋"的严重问题，即土地兼并现象泛滥让一些官绅利用优免特权大量隐占原本属于农民的土地，并通过谎报良田数量缩小垦田数字等各种手段不向朝廷缴纳或少缴农业税。官绅的巧取豪夺导致农民有着较少的田地却要缴纳更多的农业税，农民生活十分困苦，甚至破产逃亡。这种沉重的赋役导致不少农民迫不得已将自己的田地投入官绅名下，只缴纳私租，不缴纳国库，以减轻自己的负担。土地兼并的乱象导致粮食分配严重不均，社会矛盾激化，国家财政收入出现巨大损失，最后直接影响边防战事；另一方面是"徭役"的严重问题，过重的"田赋"使得农民土地锐减，失去田地的农民丧失了生存的基本资料，不得不背井离乡，大量流亡，甚至死亡。而大户人家或官绅则利用特权，勾结官府弄虚作假，隐匿资

---

[1] 张居正.陈六事疏[M]// 张居正全集.武汉：崇文书局，2022.

产及人丁数目，逃避徭役。这两方面的巨大亏空就直接导致了国家实际参加劳役人口数量的急剧减少。

"赋役"问题带来的窘境使得朝廷税收急剧减少，但是朝廷征税的数量却有增无减，而且朝廷对徭役的要求也在不断上升。一方是占据大量田地却不纳税，弄虚作假逃脱徭役的官绅，一方是没有田地或者只有少量有田地的平民百姓，他们除了要承担自己本身应缴纳的"赋役"之外，同时还要为逃脱"赋役"的官绅买单。而到了嘉靖年间，各级官府衙门还以不同的名目强行对平民百姓进行压榨和各种摊派。

"赋役"问题的出现，是明朝嘉靖隆庆时期腐朽政治的集中体现，也是当时社会主要矛盾之一。"赋役"的混乱征收直接导致朝廷收入的减少，朝廷的财政状况直线下滑，国库更加空虚，财政赤字不断加大，财政拮据状况日益严重，人民的负担也越来越重，反抗斗争不断发生。

《明史·食货志》记载："世宗以后，耗材之道广，府库匮竭。"[1] 嘉靖隆庆时期财政拮据的原因之一，就是嘉靖皇帝大兴土木，生活奢侈。痴迷道家的嘉靖皇帝，整日不理朝政而全神贯注于"斋醮"之中，为满足自己的私欲开始了疯狂的奢侈生活。明永乐年间最早兴建的用来祭祀天地和诸如风、云、雷、雨、五岳、五镇、四海及四渎诸神的"天地坛"，成为了那时候北京的万神殿。可到了嘉靖时期，他偏偏要对这座已经使用了一百多年的祭坛进行大改造，按照他自己的喜好，建成了"八卦"格局。不仅如此，嘉靖皇帝还斥资六七百万营建"玉德殿"、"仁寿宫"、"景福安喜"二宫等宫殿，随后又继续扩大营建规模。而满足嘉靖自己"修仙"私欲的斋宫、秘殿也同时开建，"太庙""京师外城""万寿宫"等宫殿又花巨资进行修缮。那一时期，整个营建工程达二三十处，重修宫殿数达数十处，役匠数万人。

嘉靖隆庆时期财政拮据的原因之二是军费开支增大。明朝的财政开支，国防与官员俸禄开支所占的比例最大。土地兼并导致大量的屯田遭到了军官、豪门的侵夺。屯田被侵占，军粮严重减产，军屯制度遭到严重破坏，边防军需不减反增，需要大量的国家补助才能满足需要，再加上边防战火不停，军费开支由此急剧增加。而吏治腐败又让诸如严嵩这些执政大臣们大量私吞军饷，军队中的将领也同样将军饷吞入私人财富之中。吃紧的军费导致国家经济每况愈下。"乙亥，发太仓银十五万两，差宪臣一员赴宣、大二镇收籴，以备来岁客兵粮饷需。"[2]

嘉靖隆庆时期财政拮据的原因之三是官吏数量急剧增加。官吏俸禄占据了明朝财政开支的主要部分，嘉靖隆庆以来，官僚和宫廷机构的膨胀使得官吏人数不断增

[1] 李洵.明史食货志校注 [M].北京:中华书局, 1982.
[2] 夏燮.明通鉴 [M].北京:中华书局, 1980.

加。特别是实行武官世袭制的明朝，即使武官编制已满，还要设置有职无权的带俸武职，造成了武官总数的剧增。

## 三、军事背景

早在英宗武宗年间，统治者昏庸无能，政治的腐败、军事的薄弱，导致与各少数民族之间的关系越来越复杂，边患日益严重，形成了"北虏南倭"的危险局面。"北虏南倭"的周期性侵扰对明朝统治造成了严重威胁，直接关乎明朝的安危。"北虏"即北方的蒙古民族和俺答部落，而后俺答独盛，实力雄厚。虽然俺答在与明朝军事冲突中占据优势，但以畜牧为生的蒙古日常生活用品和生产工具还是需要依靠明朝提供。而且俺答为了更好地控制蒙古诸多部落，发展蒙古的社会经济，也希望有一个安定的社会环境。于是俺答屡次主动提出入明求贡的想法，但都遭到嘉靖皇帝的拒绝。恼羞成怒的俺答于嘉靖二十九年（1550年）发动的战争，率领蒙古骑兵进军北京，骚扰北京达八日之久，史称"庚戌之变"。在此之后，蒙古各部仍然不断进犯明朝边境。嘉靖四十二年（1563年），蒙古率军攻打通州和顺义，北京再次告急。倍感危机的明朝终于开始改革并加强边防力量，通过大量修建能抵挡蒙古骑兵的堡寨，建立屯兵的据点与边墙，大大提升了边防的战斗力，紧张局势直到隆庆初年以后终于有所改变。隆庆四年（1570年），俺答的孙子把汉那吉与俺答发生矛盾，遂率少数亲信投降明朝。在宣大总督王崇古的力主下，明朝优待把汉那吉并将其送还俺答，如此这般诚意打动了俺答，于是俺答请求与明朝通贡互市。隆庆五年（1571年），俺答被封顺义王，俺答子侄也各自被加封官位，随后与蒙古开设互市，通贡互市局面顺利实现，史称"隆庆议和"。至此明朝与蒙古的关系趋于缓和。

不仅北部边防告急，明朝南部包括沿海的山东、浙江、福建等地也频繁遭到"倭寇"的侵犯，成为了危害明朝统治和社会稳定的反动势力。"不仅如此，倭寇还与海盗里外勾结，常常并同抢占城池、杀戮百姓，使处在东南沿海的百姓备受煎熬。"[1]

倭寇的常年进犯使得明朝局势常年不得安宁。胡宗宪、朱纨、王铱等将领先后奉命到东南沿海御倭。胡宗宪又先后重用名将谭纶、戚继光抗倭。不负众望的戚继光带领"戚家军"在与倭寇的多次对抗中屡获胜利，被誉为"抗倭名将"。同时戚继光还联合其他抗倭将领，同仇敌忾，精心组织抗倭斗争，最终平定倭寇。

---

[1] 南炳文.发人深省的张居正改革[J].百科知识，1995（9）.

## 第二节  张居正伦理思想的理论基础

张居正对中国传统的儒家、法家、佛教思想都有着深刻的了解。在中国传统制度中，以孔孟为中心的儒家思想一直是政治主导思想。张居正也不例外，儒家思想对其有着很深的影响。同时张居正年少时对佛学也耳濡目染，在各种场合张居正也表达出佛学的相关思想。可以说身处明代儒学复杂嬗变之中的张居正从小便涉猎各家门派之所长而融会贯通。明朝混乱的局势，衰败的景象一次次让他不得不对其所学进行重新思考。而张居正的思想在其告假还家，重新饱读诗书，蛰伏数年之后发生了重大转变。再次回到官场的张居正，他为儒学思想注入了更多"务实"的内涵，他倡导经世致用的"实学"，与当时思想界盛行的王学（即心学）之风形成了强烈对比。更重要的是，张居正的主导思想悄然融入了法家思想。从表面上看，张居正支持传统的孔孟儒家之道，为万历皇帝编纂的《帝鉴图说》大多讲孔孟之道，但他不少具体的改革活动却执行法家思想。随着张居正逐渐走向权力顶端，为了顺利完成改革，张居正对王学进行了强烈的打压并通过各种手段抑制王学，如控制言论、禁止讲学、禁毁书院等。总的来说，浸染佛学，杂糅儒法两家之所长是张居正伦理思想的理论基础。

### 一、儒家思想

张居正于嘉靖二十六年（1547 年）考中进士，并选为庶吉士。嘉靖二十八年（1549 年），张居正被任命为翰林院编修。在这期间，精通儒家经典的张居正担任皇太子的讲官，所讲内容是《大学》与《书经》。

　　然而此时的明朝已是内忧外患，身为朝廷官员，本该担当责任，恪尽职守，以天下为己任，可是这些官员却醉心于和国事民生无关的诗文之中。孟子曾说："乐民之乐者，民亦乐其乐。忧民之忧者，民亦忧其忧。"在张居正生活的明朝中后期，国家处于内忧外患之中，然而年轻官员们大都毫无察觉，严重缺乏忧患意识。在这种背景下，张居正潜心研究国家典章制度，熟悉各方面的政务。胸怀大志的张居正很想施展自己的抱负，但嘉靖皇帝不理朝政，沉醉于求仙，任由首辅严嵩独断专权，整个官场纪纲败坏，贪污腐败现象十分严重。张居正倍感自己空有一腔报国热情但却无力回天。此时的张居正沉默了，最后作出了一个重要决定——"告病请假还乡"，但他归隐的真正动机是蓄志再起。张居正在《谢病别徐存斋相公》中说道："夫宰相者，天子所重也，身不重则言不行，近年以来，主臣之情日隔，朝廷大政，有古匹夫可高论于天子之前者，而今之宰相，不敢出一言。何则？顾忌之情胜也。然其失在豢縻人主之爵禄，不能以道自重，而求言之动人主，必不可几矣。愿相公高视玄览，抗志尘埃之外，其于爵禄也，量而后受，宠至不惊，皎然不利之心，上信乎主，下孚于众，则身重于泰山，言信于蓍龟，进则为龙为光，退则为鸿为冥，岂不绰有余裕哉！"[1] 这是张居正写给老师徐阶的一封辞别信。信中表达了张居正对当时严嵩当权时期政局败坏的不满，并感谢徐阶对自己的知遇之恩，表示以后只要徐阶召唤，必当以死相报。

　　张居正隐居田园期间，读书明志，但依旧时刻关注着江山社稷。他考察农民疾苦，寄情于诗歌之中。同时张居正对如何消除社会种种弊端也有了深刻的见解。嘉靖三十八年，张居正离家归京，重返政坛。这一次回归，张居正成熟了许多，他潜心蛰伏十几年，终于达成夙愿，官至首辅。纵观张居正的一生会发现，无论是在政坛上初出茅庐，还是官至首辅，是得意还是失意，张居正都不改初衷，有着以拯救天下为己任的宏远抱负，这些都是儒家思想对张居正的重要影响。

　　担任首辅后的张居正尽心辅佐幼小的神宗，精心为神宗编写《帝鉴图说》，儒学修养之高的张居正将儒家之道娓娓道出，"德治观"的儒家思想对年幼的神宗产生了深远影响。在《进帝鉴图说疏》中，张居正引用《尚书》中的名句："德惟治，否德乱。与治同道，罔不兴；与乱同事，罔不亡。"目的就是让刚即位的十岁小皇帝朱翊钧能够成为一位万民拥戴，名垂青史的贤明君主。

　　张居正所在的明朝，心学占据了非常重要的社会地位。心学是由明代大儒王阳

[1] 张居正.谢病别徐存斋相公 [M]// 张居正全集.武汉：崇文书局，2022.

明对儒家学说的继续发展，是儒家思想在中国古代思想史上迸发的一个高峰，对张居正伦理思想的影响也是巨大的。"中国哲学是一种人学形上学，不同于西方观念论或原理型的形上学。这一点构成中国哲学主体思维的重要特点。也正因为如此，中国哲学形上思维主张内在的自我超越，不主张彼岸的外在超越。但是，人的形上存在以自然界的形而上者为前提……"[1] 中国哲学的形上学问题探讨着世界本体存在的同时也探讨着人的本体存在。所以《周易》有云："形而上者谓之道，形而下者谓之器。"这个"形而上"的东西就是"道"，就是指哲学的形上思维（思维活动），而"形而下"则是指具体的存在物。形上学的思维是人对世界本身及其他万物的看法，决定着人们为人处世的具体方式。形上学是所有理论思想的前提和依据所在。以形上学为依据，会产生不同的理论认识，继而形成不同的思想流派并指导最后的实践活动。所以我们研究张居正伦理思想，应从张居正的"形上学"角度出发，找到他伦理思想体系建构的理论起点，为梳理其具体的改革实践活动找到理论依据。

张居正早期"形上学"思想的理论来源主要是王阳明的心学理论。王阳明心学体系的核心思想就是"心即是理"之说。"心之本体，原自不动。心之本体即是性，性即是理也。"[2] 与朱熹将认识客体（事物之理）排斥在认识主体（心）之外不同的是，王阳明将认识主体（心）与客体（理）合而为一，主张"心即是理"。第一，王阳明的"心"指的是心智本体，"是具有意识活动的精神实体……'心'这种知觉意识活动是对于客体世界的呈现，也是对耳目口鼻的感觉器官所以视听言动的呈现……视听言动的对象、目的、范围等，确是由'心'（意识）支配的"。[3] 第二，"心"指的是伦理道德修养论上的心，遵循伦理道德的规范、原则、原理。第三，"心"本身不动却蕴涵着其他事物的功能。"心即是理"之说就是王阳明哲学逻辑结构的起点。

张居正于嘉靖二十六年考取进士，选入翰林院为庶吉士。此时正是阳明心学广为流行的年代，张居正的老师徐阶更是王学的追随者，热衷讲学，笃信王学。作为学生的张居正自然受到了老师的影响，表现出对王学的好感。有人说张居正是因为想讨好徐阶，借王学之名搞政治投机，以此获得徐阶的信任，从而为自己的仕途铺平道路。其实通过对比资料可以发现，张居正绝非单纯投其所好，而是真正发自内心地认同心学。张居正喜欢结交朋友，这些朋友中有很多崇尚心学的人，比如聂豹、罗汝芳、耿定向等。

[1] 蒙培元. 中国哲学主体思维 [M]. 北京：人民出版社，1993.
[2] 王阳明. 传习录 [M]. 北京：中国画报出版社，2012.
[3] 张立文. 宋明理学研究 [M]. 北京：人民出版社，2002.

而张居正在告假还乡时应宜都教谕之请所做的《宜都县重修儒学记》中说道:"自孔子没,微言中绝。学者溺于见闻,支离糟粕,人持异见,各信其说天下。于是修身正心、真切笃实之学废,而训诂词章之习兴。有宋诸儒,方诋其弊。然议论乃日以滋甚,虽号大儒宿学,至于白首犹不殚其业。而独行之士往往反为世所姗笑。呜呼!学不本诸心,而假诸外以自益,只见其愈劳愈敝也。故宫室之敝,必改而新之,而后可观也;学术之敝,必改而新之,而后可久也。"[1]这是张居正从儒学演变的角度,论述了王学产生的重要意义,回顾了学术发展的大趋势后对王学的评价,并非是张居正心血来潮或者另有所图。当巡按御史朱琏要为自己建造亭台屋宇时,张居正答曰:"吾平生学在师心,不蕲人知。不但一时之毁誉,不关于虑,即万世之是非,亦所弗计也。况欲侈恩席宠,以夸耀流俗乎?"[2]张居正说自己一生都在学习遵循自己的良知,不求他人知道。这种心学的修养让张居正在利害得失面前没有迷失自我,不然大权在握的张居正很有可能会重蹈当年严嵩等奸臣的覆辙。

张居正仰慕心学,积极学习心学思想。心与性、理的关系是心学中的核心问题。主张"心即是理"的阳明心学更加关注人的身心活动,主张心灵的自我满足,"心"有着规范自我的能力。"现实中的思虑判断正是心体良知的直截显露,因此只要能确保此心良知随时随地都无间动静都能顺利发用,不必汲汲向外参究超越现实的更高一层的程朱式的天理。"[3]张居正首先为性与理的区别构建了一个基本轮廓:"天下之人,莫不有性,然性何由而得名也?盖天之生人,既与之气以成形,必赋之理以成性,在天为元亨利贞,在人为仁义礼智。"[4]天所赋予人的东西就是性,遵循天性就是道,遵循道来修养自身就是教。对于心、性的关系,张居正认同孟子所言:"吾心至虚至灵,浑涵万理,其体本无不全,然非研穷事物,识得吾心所具之理……夫天者,理而已矣。天以此赋于我,我以此成于性,本是联合而无间的。"[5]心可以认识天下之理是因为"心是一身的主宰"。[6]

心学思想中的修养论亦对张居正自身的德行修养有着重要的指导作用。张居正深受心学的影响,他发自内心地认同心学并将心学用于实践之中。在与兵部尚书聂豹的书信中,张居正阐明了自己对心学修养论的看法。聂豹,字文蔚,号双江,是心学的正统传人。其一生门徒众多,培养了徐阶等朝廷重臣。按辈分来看聂豹更是

[1] 张居正.宜都县重修儒学记[M]//张居正全集.武汉:崇文书局,2022.
[2] 张居正.答湖广巡按朱谨吾辞建亭[M]//张居正全集.武汉:崇文书局,2022.
[3] 何威萱.张居正理学思想初探[C]//南炳文,商传.张居正国际学术研讨会论文集.武汉:湖北人民出版社,2012.
[4] 张居正.中庸[M]//四书直解.北京:九州出版社,2010.
[5] 张居正.孟子[M]//四书直解.北京:九州出版社,2010.
[6] 张居正.大学[M]//四书直解.北京:九州出版社,2010.

张居正的师爷。聂豹认为通过"动静无心，内外两忘"的修养才能获得良知，主张致虚守静的修养功夫论。在信中张居正说道："窃谓学欲信心冥解，若但从人歌哭，直释氏所谓阅尽他宝，终非己分耳。昨者，伏承高明指未发之中，退而思之，此心有跃如者。往时薛君采先生，亦有此段议论，先生复推明之。乃知人心有妙万物者，为天下之大本，无事安排，此先天无极之旨也。夫虚者，道之所居也。涵养于不睹不闻，所以致此虚也。心虚则寂，感而遂通。故明镜不惮于屡照，其体寂也。虚谷不疲于传响，其中窾也。今不于其居无事者求之，而欲事事物物求其当然之，则愈劳愈敝也矣。"[1]"心即是理"是阳明心学的逻辑起点，"心"是天下万物的本原，心有万物，为天下之本，虚心涵养便可以沉思解悟，达到"感而遂通"的境界。相反，如果从"心"之外寻找事物的"当然之则"，那就只会南辕北辙而不得法了。这是张居正真正接受心学后对心学修养方法的肯定。而在写给心学人士周友山的信中，张居正更是强调："不穀生平于学未有闻，惟是信心认真，求本元一念，则诚自信而不疑者，将谓世莫我知矣。"[2]另一方面，张居正在《四书集注阐微直解》中引孔子之语："盖天下义理虽散见于事物之中，而实统具于吾心。吾惟涵养此心，使虚灵之体不为物欲所蔽，则事至而明觉，物来而顺应，自然触处洞然，无所疑惑。"[3]借此张居正再次强调了"心"能认识万物的观点并希望通过修养获得"良知"。

张居正十分赞成"虚心涵养"的修养论说法。这种结合佛教"禅学"而产生的修养理论，深得心学者的心。那么为何要借用禅学呢？为何要用禅学补充儒学呢？"一是由于现实境遇险恶，必须以禅之境界超越之，方不可灰进取之念；二是由于士人更加关注自我的人生价值，在其人生进取的同时，为其自我安排一条人生的退路，以便在遭受人生挫折时不至于手忙脚乱而不知所措。"[4]

首先，张居正年少就深受佛学禅宗的影响，佛家主张"静中体悟"，提倡用静坐（佛教坐禅）的方法悟出纯粹天理。而心学者结合了"禅悟"的相关理论思想，要求体验者超越一切思维和情感以达到一种特别的心理体验。[5]所以这种结合禅学的心学修养方法很自然地被张居正接受。"此行虽勉强涉世，乖其本图。近日静中悟得，心体原是妙明圆净，一毫无染，其有尘劳诸相，皆由是自触。识得此体，则一切可转识为智，无非本觉妙用。故不起净心，不起垢心，不起著心，不起厌心，

[1] 张居正. 启聂司马双江 [M]// 张居正全集. 武汉：崇文书局，2022.
[2] 张居正. 答藩伯周友山论学 [M]// 张居正全集. 武汉：崇文书局，2022.
[3] 张居正. 四书集注阐微直解 [M]. 北京：北京出版社，2000.
[4] 左东岭. 王学与中晚明士人心态 [M]. 北京：人民文学出版社，2000.
[5] 陈来. 朱子哲学研究 [M]. 上海：华东师范大学出版社，2008：158.

包罗世界，非物所能碍。"[1] 这段大量引用佛教内容的文字，包含了"转识为智""净心""著心"等佛门术语，张居正通过"静中体悟"，认识到自己的心体活动如果后天染上了私欲就会有所中断，而心体原本是纯真无邪一尘不染的，所以只要"识得此体"就可以切实掌握心体，从而要破除私欲，恢复心体纯真面貌。张居正进一步指出："盖人之心虽为物欲所蔽，然良心未曾泯灭，必有一端发见的去处，这叫做曲；若能就此扩充之，到那至极的去处，叫做致曲。"[2] 张居正把"曲"作为了"善念"的发端，无论什么样的人，只要能掌握这善念的发端并加以扩充，则私欲便可扫除，心体便可复得。

其次，作为士人的心学者同样非常关注自我的人生价值，他们一边进取，一边为自己安排人生退路。所以初入仕途的张居正奋发前进，以天下为己任，任劳任怨，潜心研读国学之经典。但无奈世风日下，在与心学者耿定向的书信中，张居正感慨："长安棋局屡变，江南羽檄旁午，京师十里之外，大盗十百为群，贪风不止，民怨日深！倘有奸人乘一旦之衅，则不可胜讳矣。"[3] 但是张居正并不是一味地发牢骚以解心头之不快，而是大声疾呼，表达自己为江山社稷贡献力量的决心。但张居正无论如何努力，总是事与愿违，一心想成就一番事业但资历尚浅的他从未受到重用。于是他便告假还乡休养了。结合前面所分析的心学修养，这次主动致仕就很好理解了。但张居正内心对于致仕确实非常矛盾，不然他也不会在家修养的几年中韬光养晦潜龙勿用。虽然张居正有这样逃避世俗的感慨："有欲苦不足，无欲亦无忧。羲和振六辔，驹隙无停留。我志在虚寂，苟得非所求。虽居一世间，脱若云烟浮。"[4] 但他并不甘心："子实不良，畏我子知。衔珠向君，精光可烛。小人在旁，猥曰鱼目。国士死让，饭漂思韩。欲报君恩，岂恤人言！"[5] 张居正内心依然牵挂着政事，还是想有朝一日能够实现自己的抱负。

但是明朝积弊的现实状况让张居正不得不对当下的社会思想进行重新思考。而这时实学思想给了张居正极大的启示。早年宋代儒家实学派代表人物陈亮本着变通求实功的经世思想，对宋以来二程、朱熹为代表的道学家脱离实际、空谈心性、坐而论道进行了猛烈抨击，系统地阐述了他的功利主义的人生观、义利观。[6] 陈亮提

[1] 张居正. 寄高孝廉元谷三首 [M]// 张居正全集. 武汉：崇文书局，2022.
[2] 张居正. 中庸 [M]. 北京：九州出版社，2010.
[3] 张居正. 答西夏直指耿楚侗 [M]// 张居正全集. 武汉：崇文书局，2022.
[4] 张居正. 适志吟 [M]// 张居正全集. 武汉：崇文书局，2022.
[5] 张居正. 独漉篇 [M]// 张居正全集. 武汉：崇文书局，2022.
[6] 葛荣晋. 中国实学思想史 [M]. 北京：首都师范大学出版社，1994.

出"做人'要以适用为主耳'"[1]，表达了人生的价值在于适用于社会的思想。而后叶适又本着实学的思想，肯定了物欲是人的自然本性，提倡人的物欲可以在社会秩序、道德规范的约束下合理地进行表达。而后叶适"主张兴利除害，但他并不主张单纯寻利，而是注意把义和利结合起来，以义来约束、规范利"。[2]叶适的这一观点，对于解决人民的现实利益问题有着积极的作用，顺应了人的本性，更是儒家民本思想的深入发展，对社会的稳定及发展有着深远的促进作用。此后王应麟基于宋朝灭亡的教训，鲜明地提出了反对空谈心性，提倡实修、实践的思想，这是他为学不拘泥于一家之长，"善取诸家之长，以求实理为归"[3]优良学风的体现。这也对张居正博览众家之所长、敦本务实的学风产生了重大影响。而与张居正同时代的东林党领袖顾宪成，本着务实的精神，十分注重研习儒家之经典，并主张将经典中的内容与自己的身心性命相印证，有着突出的救世情怀。"顾宪成认为，救世首先应从学术、道德入手……试图通过批驳、修正王阳明心学及王学末流的弊病而达到端正学术和世道人心的目的。"[4]

在实学思想的影响下，张居正的伦理思想也逐渐变得务实起来，他以解决明朝现实问题为出发点，其伦理思想逐渐向实学靠拢。实学思想的核心就是敦本务实，经世致用。重新回到官场的张居正，越来越注重"务实"的重要性，并认为只有那些能够经世致用的学问才是真正的学问。

针对当时盛行的"心学"，张居正崇尚务实之风，主张有了知识以后还必须了解实际，不然终归是雾里看花，纸上谈兵。那些被称为圣人的人，正是因为他们可以洞悉民情，开导道理，懂得职分，明悉祸患。"道"虽存于人世间，但唯有深入实际之中才能求得。张居正将实学的思想广泛运用到实践中，力求求真务实，这些都是"实学"思想的体现。

## 二、法家思想

张居正告病回籍归隐时期，深感时弊的严重性，儒学思想濡染之深的他，认为儒学已不能完全解决时弊问题，因此其思想上的改变日趋明显。张居正努力寻找重建社会秩序和强化专制主义的理论依据，而法家思想成为张居正执政思想的重要理

[1] 葛荣晋.中国实学思想史[M].北京：首都师范大学出版社，1994.
[2] 葛荣晋.中国实学思想史[M].北京：首都师范大学出版社，1994.
[3] 葛荣晋.中国实学思想史[M].北京：首都师范大学出版社，1994.
[4] 姚才刚.儒家道德理性精神的重建：明中叶至清初的王学修正运动研究[M].北京：中国社会科学出版社，2009.

论来源。众所周知，以严酷残暴著称的秦始皇很少得到好评，人们大多把秦国的灭亡归结于其暴政带来的恶果。但张居正恰恰相反，他认为："三代至秦，浑沌之再辟者也。其创制立法，至今守之以为利，史称其得圣人之威。使始皇有贤子守其法而益振之，积至数十年，继宗世族，芟夷已尽，老师宿儒，闻见悉去；民之复起者，皆改心易虑以听上之令，即有刘、项百辈，何能为哉！惜乎，扶苏仁懦，胡亥稚蒙。奸宄内发，六国余草尚存，因天下之怨而以秦为招。再传而蹶，此始皇之不幸也。假令扶苏不死，继立必取始皇之法纷更之，以求复三代之旧。至于国势微弱，强宗复起，亦必乱亡。后世儒者苟见扶苏之谏焚书坑儒，遂以为贤，而不知乱秦者，扶苏也。"[1] 在这里张居正给予秦始皇高度评价。与后人大多认为秦始皇的暴政最终导致秦国的灭亡的观点截然不同的是，张居正认为秦朝不是亡于暴政，而是未能将法治思想贯彻到底。所以张居正认为秦始皇所创立的法制如果用于当下的明朝，这对于巩固中央集权是十分有帮助的，因此明朝必须实行法治。而后张居正又列举了明朝开国皇帝朱元璋以法治国，武功平定天下的功绩，旨在强调法对于治国的重要性。

商鞅曾说："上贤者以道相出也；而立君者使贤无用也。亲亲者以私为道也，而中正者使私无行也。此三者非事相反也，民道弊而所重易也，世事变而行道异也。"在商鞅看来，时代变了，事情也改变了，治理的方法也就变了，因而治理天下需要根据现实的变化而变化。韩非子也说："故治民无常，唯治为法。法与时转而治，治与世宜则有功。"[2] 在他看来，没有一成不变的常规，只有法治才是根本。这是法家"法后王"思想的集中体现。主张变革的法家思想家们认为历史与事实会随着时间的推移而变化，因此要打破束缚而大胆变革。张居正正是从这些法家思想家那里汲取营养，为自己的伦理思想找到了丰富的理论依据。张居正在《辛未会试程策》中明确指出："夫法制无常，近民为要，古今异势，便俗为宜。孟子曰：'遵先王之法而过者，未之有也。'此欲法先王矣。荀卿曰：'略法先王而足乱世术，不知法后王而一制度，是俗儒也。'此欲法后王矣。两者互异，而荀为近焉。"[3] 可以看出张居正坚定支持"法后王"的主张。在他看来，契合时代，能解决治理国家问题的法才是社会最需要的，即使是古代先贤建立的典章制度，如果不能够解决当下的现实问题就要变革。所以稽文甫在《晚明思想史论》中将张居正的思想直接归类于法家思想，他认为张居正重视近代实情，任劳任怨，这些都是法家思想的集中体现。

---

[1] 张居正.杂著 [M]// 张居正全集.武汉：崇文书局，2022.

[2] 韩非.心度 [M]// 韩非子.长春：时代文艺出版社，2011.

[3] 张居正.辛未会试程策二 [M]// 张居正全集.武汉：崇文书局，2022.

## 三、佛教思想

张居正从小生活在辽阔的荆楚大地，自南北朝以来，作为佛法传播中心之一的荆州，受佛学影响之大不言而喻。张居正去世后其墓地紧邻菩提禅寺也并非巧合。熊十力在《韩非子评论·与友人论张江陵》中记载："以佛家大雄无畏粉碎虚空，荡灭众生无始时来一切迷妄、拔出生死海，如斯出世精神转成儒家经世精神。自佛法东来，传宣之业莫大于玄奘，而吸受佛氏精神，见诸实用，则江陵为盛。"[1] 可见当时佛学思想对江陵的影响之巨大。张居正年少时便自号"太和居士"，[2] 学习佛学，"远道之怀，出世之想，启我愚蒙"。[3] 张居正将佛学作为了自己启迪心智的开端，并以《华严经》中的核心精神"昔念先曾祖，平生急难振乏，尝愿以其身为蓐荐，而使人寝处其上"[4] 作为人生格言。张居正在《答奉常陆五台论禅》中也表达了《华严经》对自己的深远影响："向曾诵《华严》，只见莽宕寥廓，使人心混神摇。后于友人处，见合论钞本，借读一过，始于此中稍有入处。佛所说法，随顺诸根，义无深浅。"[5]

张居正年少时深受佛学影响的另外一个重要原因就是早年曾拜师李元阳，深受李元阳佛学造诣的影响。张居正平时与李元阳来往密切，以"李尊师"称呼李元阳。担任首辅后的张居正时常追忆当年拜师学习的往事："正昔在童年，获奉教于门下，今不意遂已五旬，霜华飞满须鬓，比之贤嗣上年所见，又不侔矣。意生分段之身，刹那移易迁变，人鸟得而知之，可慨，可慨……向者奉书，有衡、湘、太和之约，非复空言。正昔有一宏愿，今所作未办，且受先皇顾托之重，忍弗能去。期以二三年后，必当果此，可得仰叩毗卢阁，究竟大事矣。《三塔图说》，披览一过，不觉神驰。冗甚未能作记，俟从容呈上。"[6] 虽然官至首辅，但与李元阳的信中记载："正少而学道，每怀出世之想，中为时所羁绁，遂料理人间事。"[7] 表明张居正虽已担任首辅，承载着江山社稷之重，但因为少年时就有出世之想，只是现在肩负重任，才暂时没有考虑。从师从和出世思想，可以推测少年张居正浸润佛学，佛学对他的影响很深，这也不难解释为什么早在翰林院担任编修之职的他会告假还乡了。

[1] 熊十力.韩非子评论——与友人论张江陵 [M].上海：上海书店出版社，2007.
[2] 袁中道.柯雪斋集 [M].上海：上海古籍出版社，1989.
[3] 张居正.答周鹤川乡丈论禅 [M]// 张居正全集.武汉：崇文书局，2022.
[4] 张居正.答楚按院陈燕野辞表闾 [M]// 张居正全集.武汉：崇文书局，2022.
[5] 张居正.答奉常陆五台论禅 [M]// 张居正全集.武汉：崇文书局，2022.
[6] 张居正.答李中溪有道尊师 [M]// 张居正全集.武汉：崇文书局，2022.
[7] 张居正.答李中溪有道尊师 [M]// 张居正全集.武汉：崇文书局，2022.

第二章 张居正伦理思想的主要内容

　　张居正少年得志，二十三岁时便考中进士，授庶吉士并进入翰林院，拉开了仕途之路的序幕。而后张居正官至内阁首辅，属正一品，达到古代官品等级的最高级别，并且追赠上柱国，成为明代唯一生前就被授予太傅、太师的文官。特别是在万历初年，张居正辅佐小皇帝明神宗主持万历新政，权倾天下，为江山社稷立下了汗马功劳。回眸张居正为官几十年的岁月，从默默无闻到国家支柱，他有着敢为人先的魄力，大刀阔斧地进行了全方位改革，并在其生前取得重大成功，使明朝衰败的景象大为改观，对后世产生深远影响。张居正以其改革为基础，形成了自己的伦理思想体系，带有着强烈的入世色彩。那么张居正伦理思想的主要内容是什么呢？古训告诉我们要"厚德载物"，意思是君子的品德应如大地般厚实方可承载万物。人人都有福报，但是有德者居之，无德者失之。所以重视道德修养是张居正伦理追求的首要内容。这样张居正就以道德修养为基础，构建了以官德思想、教育伦理思想为主要内容的伦理思想体系。

# 第一节 张居正改革的伦理学意蕴

张居正改革与其伦理思想紧密相连。张居正伦理思想是在其改革活动的过程中形成的，并为其改革提供理论支撑，因此，张居正改革有着丰富的伦理学内涵。我们可以通过对张居正改革的伦理思考，深入发掘张居正伦理思想的价值所在。

## 一、张居正改革概况

张居正所处的是一个政治腐败、经济萧条、民不聊生的危机年代。身处乱世，心忧天下的张居正慨然提出："非得磊落奇伟之士，大破常格，扫除廓清，不足以弭天下之患。"[1] 表达了自己"爱憎毁誉等于浮名"，[2] 以天下为己任的强烈责任感与广阔的胸怀。张居正正是笃定了将国家的兴衰治乱作为自己责任的信念，"任天下之劳易，任天下之怨难"，[3] 执着而坚定地开展了一系列变法革新运动，史称"张居正改革"。

张居正改革是其对于明朝突出问题的积极回应。改革历时十年，张居正以解决国家积弊为目的，本着实用主义原则，从政治、教育、军事等各方面对国家进行了全方位的改革，企图扭转自嘉靖、隆庆以来政治腐败、边防松弛和民穷财竭的局面。从实际效果来看，改革取得巨大成效，其中的重要原因就是张居正抓住了明朝社会的主要矛盾，对吏治不清、法纪不肃、土地兼并严重、税收制度不合理、军备松弛等突出问题进行大力整饬，并适时采取了

[1] 张居正.适志吟 [M]// 张居正全集.武汉：崇文书局，2022.
[2] 张居正.书太岳先生文集后 [M]// 张居正全集.武汉：崇文书局，2022.
[3] 张居正.书太岳先生文集后 [M]// 张居正全集.武汉：崇文书局，2022.

"考成法""一条鞭法""清丈田地"等具体措施，保证了改革切实有效地开展。改革不是凭空产生的，而是张居正紧扣明朝实际，结合民众需要所产生的。改革一定程度上强化了中央集权，充实了政府财政，提高了国防力量。特别是张居正看到了明朝商业的繁荣发展所带来的巨大效益，大力推动商品经济的发展，增加了国家财政收入，提升了民众生活水平并维护了边防的安定，极大地解决了明朝当时尖锐的社会矛盾，挽救了明朝衰败的局面，从而吏治有序，百姓安定，社会稳定，国家恢复了以往的生机，开创了万历新政的盛世局面。

然而改革势必会触动一些特权阶层的既得利益。在张居正改革过程之中，遭到了来自各方面的反对与阻挠，受到了反对派的强烈反扑。因此如何面对这些抵抗成为了张居正改革所要解决的首要问题。可以看到的是，张居正抱有坚定的意志，不畏权贵，以为江山社稷谋利益的无私精神，经过对局势审慎的判断后，有的放矢地开展了改革，并在其生前取得了巨大成功。这是张居正生命之中的最后十年，"这是一个对明代中后期历史具有决定意义的十年，也是一场为转移世运而进行大改革，旋又被迫停息的十年，它是明代中后期或兴或衰的交汇点和分途站"。[1]

针对改革，张居正有着清醒而独到的认识。张居正认为社会危机的源头在人，明朝积弊的各种现状都是人心不正，道德情操出现问题而引起的，所以必须在对社会进行全面改革的基础上，对人的外在行为进行约束，以此营造良好的社会氛围，为人心归正提供前提条件，继而重塑良好的道德风尚，保证改革落实到位。可以说张居正改革是应对社会危机的产物，是自嘉靖以来统治集团内部克服危机行动的继续和发展，具有历史必然性，顺应了时代的呼声。随着改革的深入，越来越多的人日益认识到改革的重要性，从而更加有力地推动了改革的进行。

张居正改革成效显著，对树立明朝社会优良道德风尚发挥了重要作用，同时亦对后世产生了重大影响。

## 二、对张居正改革的伦理学思考

张居正改革有着极其丰富的伦理学意蕴并以此指导自己的改革活动，最终取得了显著的成效。

---

[1] 韦庆远.暮日耀光：张居正与明代中后期政局 [M].南京：江苏凤凰文艺出版社，2017.

### （一）在守正与创新之间寻求平衡

改革是对旧有制度的改造与创新，其目的就是改变以往的不合理因素。同时，"改革是凭借国家机器才能进行的活动，所以，政局稳定是进行改革的必要前提"。[1] 张居正大力进行改革，首先多次申明了自己只是谨遵祖制，为自己改革营造一个稳定的政局。而后张居正本着因势利导的原则，主张应该顺着事情发展的趋势，大力推进改革，向有利于实现目的的方向加以引导，改变明朝积弊的现状。稳定与改革的关系如何协调，这就要求张居正必须在守正与创新之间寻求平衡，由此才能取得实际效果。所以张居正提出"不可轻变，亦不可苟因"的思想，既为他改革的顺利进行创造了稳定的环境，又达到了进行改革的目的。

"不可轻变，亦不可苟因"出自张居正《辛未会试程策二》，张居正说道："法不可以轻变也，亦不可以苟因。苟因，则承敝袭舛，有颓靡不振之虞，此不事事之过也；轻变，则厌故喜新，有更张无序之患，此太多事之过也。二者，法之所禁也，而且犯之，又何暇责其能行法哉！去二者之过，而一求诸实，法斯行矣。"[2] 这是张居正于隆庆五年担任会试主考官时写的一篇供考生作为典范的策论。这篇策论围绕"法先王"与"法后王"的争议展开讨论，题目内容是："王者与民信守法耳。古今宜有一定之法。孟轲、荀卿，皆大儒也，一谓法先王，一谓法后王，何相左欤？我国家之法，鸿纤具备，于古鲜俪矣。然亦有在前代则为敝法，在熙朝则为善制者，当行之固有道欤，虽然，至于今且敝矣，宜有更张否欤？"[3] 正如张居正所提问的那样，法是维护社会稳定的保证，但孟子和荀子都是大儒，一个坚持"法先王"，另一个却坚持"法后王"，究竟是什么原因使他们的看法截然相反？

"法先王"是孟子伦理思想的核心命题，他主张效法古代圣王的思想理论或遵循古代圣王的社会制度。孟子说："尧舜之道，不以仁政，不能平治天下。今有仁心仁闻，而民不被其泽，不可法于后世者，不行先王之道也。故曰：徒善不足以为政，徒法不能以自行。《诗》云：不愆不忘，率由旧章，遵先王之法而过者，未之有也。"由此可以看出孟子所说的先王是以尧舜为代表的先贤。

为何将先王思想作为后世所遵循的伦理标准呢？首先因为先王本身就代表了王道政治伦理。孟子言必称尧舜，认为尧舜是仁义道德的典范，希望君王们能效仿先贤推行仁政，救万民于水火之中，这在孟子当时所处的乱世有着巨大的政治意义和时代意义；其次先王为王道政治立法，因而所立之法也是理想之法。"先王创制了

[1] 肖少秋.张居正改革[M].北京：求实出版社，1987.
[2] 张居正.辛未会试程策二[M]// 张居正全集.武汉：崇文书局，2022.
[3] 张居正.辛未会试程策二[M]// 张居正全集.武汉：崇文书局，2022.

一整套'礼义法度',其基本原则如'亲亲'、'尊尊'、'一天下,财万物'、行'什一之税',以及'禅让'和'征诛'等等,都是垂法后世的"。[1] 先王不仅创建了可以指导后世行为规范的法,而且先王本身就是法的标志,是衡量万事万物的标准,因而先王是尽善尽美的,先王创制之法也是至高无上的理想之法。法先王的主张是把完美的王道政治设计全部都归纳到古代圣王身上,不管是否真有其人,抑或是假设,完美圣王这个标准是固定的。当把这样的完美人设放到先王身上,并尊崇先王之法,后世的君王在学习先王的优秀品质后怎么不道德高尚?靠他们治理国家,天下怎会不太平?百姓怎么会不享受到仁政所带来的幸福生活?国家有着这样完美的景象,最终实现了道德统治与政治统治的统一。所以,以孟子为代表的儒家人士大多主张"法先王",意在效法古代圣明君王的言行、制度。

张居正首先是支持"法先王"的。"不可轻变,亦不可苟因"中的"不可轻变"指的就是不改变先王之法。在程朱理学、陆王心学等学派都主张美化先圣,并将谨遵圣人之法作为"祖制"流传下来的大背景下,作为一个精明的改革家,张居正深知"祖制"的地位。在当时的明朝,无论官僚还是士大夫都将祖制作为不可改变的"天条",但改革又是推陈出新,就是要改变以往不合理的因素,那么张居正如何能够全身而退?这种"不能改变"与"必须改变"的矛盾如何得以解决?这时候张居正提出"不可轻变",首先表明了自己的立场,他声称自己一直都在严格遵守"祖制",因此不会改变先王之法,这就为自己的改革赢得了强大的"伦理支持",争取到了一个能稳定的环境。

张居正多次申明:"方今国家要务,惟在遵守祖宗旧制,不必纷纷更改。"[2] 表明了张居正改革一直都是以"恪守祖制"为前提,强调了他的改革只是谨遵祖宗先贤,没有改旗易帜。张居正执政十年,一直都遵守祖制,从事"反本复始"的工作,没有超出制度的范围。张居正改革并不是将以往的制度全部推倒重来,他在汲取了旧制度合理因素的基础上进行创新。所以张居正支持"法先王"的首要目的就是表达自己所做的所有工作都只是在"恪守祖制",这是符合礼制的,没有违背作为臣子所应该遵守的道德标准。

此外,张居正支持"法先王"也确实是想借助尧舜这些仁义道德的典范,为君王树立学习的榜样,改变此前君王离德离心的状况。试想如果君王都能够效仿先贤,严于修身,立德施政,救万民于水火之中,这样的君王何愁不受官员和民众的爱戴?

---

[1] 俞荣根. 法先王:儒家王道政治合法性伦理 [J]. 孔子研究, 2013(1).

[2] 张居正. 谢召见疏 [M]// 张居正全集. 武汉:崇文书局, 2022.

这样的国家何愁天下不太平？这样的社会何愁风气不正？

但是张居正所称的"法先王"和以孟子为代表的儒家人士所称的"法先王"又有着很大的不同。张居正一直坚称的"法先王"并不仅指尧舜等先贤，而更多的是指法朱元璋这个先王。所以"不可轻变"更多指的是不改变朱元璋的"祖制"。张居正盛赞朱元璋："高皇帝天纵神圣，兼总条贯。天下甫定，即命儒臣兴制度，考文章，以立一代之典……夏商以后，议礼之详者莫如成周。而我皇祖之制，实与之准焉……明兴百八十余年，高皇帝作之于前，今天子述之于后，奕世载德，重熙累绩，稽古礼文之事，裒然具备矣。则所以一民之行而易民之俗者，又奚必远有所慕哉！"[1] 张居正适时搬出了朱元璋，因为朱元璋在张居正所处的时代之前，所以恢复朱元璋的"祖制"不也是"法先王"吗？这是针对反对派的有力回击。反对派用祖制来抵制改革，声称"先王之法"已足够完善，这些打着儒家正统旗号的反对派，对尧舜等先王创制之法予以赞誉，认为后世只要照做即可。张居正同样打着恪守祖制，尊崇先王的旗号，赞许高皇帝朱元璋制定的法制，从大的制度到琐细的具体规定应有尽有，完善程度可与先贤创制的相媲美。在张居正看来，高皇帝所订立的法有着深远的用意，那些不合乎礼法的事是绝对不能做的。只有按照高皇帝制定的法约束自己的行为，才不会偏离法所规定的"正道"，国家才可以长治久安。

"法后王"思想是同为儒家思想代表人物的荀子提出的，与孟子的"法先王"相对立。荀子说："辨莫大于分，分莫大于礼，礼莫大于圣王。圣王有百，吾孰，法焉？故曰：文久而灭，节族久而绝，守法数之有司，极礼而褫。故曰：欲观圣王之迹，则于其粲然者矣，后王是也。"从荀子的话语中我们可以发现，荀子反对放弃现在的君主而颂扬那些上古的君主，尧、舜、禹、汤、文、武、周公等上古君主太多了，都不知该去学习谁了，而且这些人离当下已有几百年的时间，礼仪制度与当下的有所脱节，所以对这些被誉为"圣人"的君主无从学习。这就是"法后王"的核心概念。虽然荀子主张"法后王"，但学界在评论荀子"法后王"思想时，认为他不仅是"法后王"，而且也是"法先王"，是后王先王并法重者。但无论争议如何，"法后王"相对于之前的"法先王"确实有着一定的进步意义，后来"法后王"的主体思想也被张居正所继承。冯友兰先生在《中国哲学史》一书中说道："荀子言法后王，孟子言法先王，其实一也……在孟子时，文王、周公尚可谓为先王，'周道'尚可谓为'先王之法'。至荀子时，则文王、周公只可谓为后王，'周道'只可谓为后

[1] 张居正.重刊大明集礼序 [M]// 张居正全集.武汉：崇文书局，2022.

王之法矣。"[1] 按照冯友兰先生的说法,"先"与"后"的区别仅仅只是时间的远近,其涵盖的内容却是一样的。无论学界如何争论"先"与"后"的具体概念,"法后王"体现出的随着历史不断变化发展,人们处理问题的方式也要随之不断变化的观点却是大家所公认的。

基于先前社会制度的大框架之下,张居正改革没有改变原有的社会制度,但是改革毕竟是原有社会制度的更新与自我完善,也是触动社会体制的变革,"改变某些不合时宜的规章、制度和政策,与渐行渐变不同的是,改革带有矛盾的集中性、突破性和体制性的发展,集中表现为法制的推陈出新,所以又称为变法运动"。[2] 改革突出的就是一个"变"字,它会改变以往行之已久的章程和法令,这就使得一部分既得利益者原有的利益受到了损坏,势必会遭到他们的强烈反抗。《淮南子·天文训》有云:"姑洗者,陈去而新来也。"[3] 寓意要去掉旧事物的糟粕,取其精华,并使它向新的方向发展。所以张居正以求真务实的态度,以破旧立新的勇气,为明朝的改革指明了方向。

改革就是创新,张居正本着因势利导的原则,坚信"法后王"才是更重要的。因为时代在不断变化,而且明朝发展到张居正所处的时代,已经表现出诸多和前朝明显不同的方面,特别是商业的发展,带来了人们对传统义利观的重新认识,再加上实学思想的兴起,让越来越多的人意识到实用的重要性。时代在变,思想也要变化。"不可轻变,亦不可苟因"中的"亦不可苟因"就是"法后王"的思想。"善战者,求之于势,不责于人,故能择人而任势。"[4]《孙子兵法》告诉我们考虑问题要从全局变化的态势出发,因势利导,顺势而为,这样才能把握时代的发展趋势。大势不可抗,顺则生。"亦不可苟因"思想是张居正吸取西汉桓宽的"因时而变"思想后有感而发的。在《盐铁论》中桓宽说道:"明者因时而变,知者随事而制……故圣人上贤不离古,顺俗而不偏宜。"[5] 张居正借鉴桓宽"因时而变"思想而提出"亦不可苟因",意在强调做事要顺应潮流,应该根据时代的不同而改变自己的策略,积极探索解决积弊的新举措,用新思想看待当下的时代。"亦不可苟因"是张居正改革的核心思想,也是张居正伦理思想中的鲜明观点。

"亦不可苟因"所指的就是当时明朝积弊丛生,民不聊生的社会状况,而这一窘状必须要改变。张居正说:"然今甫二百余年耳,科条虽具,而美意渐荒,申令虽勤,

[1] 冯友兰.中国哲学史 [M].上海:华东师范大学出版社,2000.
[2] 刘志琴.张居正评传 [M].南京:南京大学出版社,2006.
[3] 刘安.淮南子 [M].上海:上海古籍出版社,1989.
[4] 孙武.孙子兵法 [M].北京:北京燕山出版社,2001.
[5] 王利器.盐铁论校注 [M].北京:中华书局,1992.

而实效罔获，屯田兴矣，土旷犹故也。醝政举矣，蜚挽犹故也。"[1] 这是张居正清醒面对现实的写照。对于如何改变这种现状，张居正认为现在的明朝混乱不堪，就是因为没有按照高皇帝制定的法来治理国家，因此当务之急就是恢复高皇帝制定的法制。张居正看到了"祖制"中所固有的活力，他指出："成宪具存，旧章森列，明君贤臣，相与实图之而已。毋不事事，毋泰多事。祛积习以作颓靡，振纪纲以正风俗，省议论以定国是，核名实以行赏罚，则法行如流，而事功辐辏矣。"[2]

具体说来，高皇帝朱元璋相对于尧舜这些"先王"来说是"后王"，遵从朱元璋所创制的完善之法必然是"法后王"，而且改革就是推陈出新，革除当下不合理的种种弊端，这同样也是"法后王"。但是朱元璋相对于张居正所在的时代又是"先王"，张居正改革沿用了许多朱元璋所创制的法，所以也可以称为"法先王"。这种"先王"与"后王"并用的做法，既起到了不违"法先王"这个"祖制"之根本，同时又起到了推进改革顺理成章进行的作用。

这样一来，"不可轻变，亦不可苟因"的思想就让张居正可以谨遵朱元璋所制定的完善之法，从明朝实际出发，因势利导，大力施行改革，将以往造成积弊的不合理因素全部剔除，为明朝社会注入了新的活力，使得政治趋于稳定，经济得到复苏，民众的生活得以改善，扭转了之前明朝衰败的景象。张居正的这种经世致用，实事求是的辩证发展观，符合时代进步的要求，也使得张居正在守正与创新之间求得了极大的平衡。

在"不可轻变，亦不可苟因"基础之上，张居正又大胆提出："法无古今，惟其时之所宜，与民之所安耳。时宜之，民安之，虽庸众之所建立，不可废也。戾于时，拂于民，虽圣哲之所创造，可无从也。"[3] 这番观点源自荀子："百王之无变，足以为道贯。一废一起，应之以贯，理贯不乱。不知贯，不知应变。贯之大体未尝亡也。"其实在这里张居正就是想借荀子的观点达到自己汇集力量进行改革的目的。同时张居正还融合了法家思想并提出："三代不同礼而王，五霸不同法而霸。故知者作法，而愚者制焉；贤者更礼，而不肖者拘焉。拘礼之人不足与言事，制法之人不足与论变。君无疑矣。"[4] 更加表达了自己改革的强烈愿望。

[1] 张居正. 辛未会试程策 [M]// 张居正全集. 武汉：崇文书局，2022.
[2] 张居正. 辛未会试程策第三册 [M]// 张居正全集. 武汉：崇文书局，2022.
[3] 张居正. 辛未会试程策二 [M]// 张居正全集. 武汉：崇文书局，2022.
[4] 商君书 [M]. 北京：中华书局，2012.

### （二）以官德建设为改革的切入点

谨遵祖制，因势利导，为张居正改革创造了前提条件，接下来张居正就要具体实施改革了。作为朝廷重臣的张居正，非常重视道德的重要作用，主张从政以德为先，建立了系统的官德思想体系。张居正大力进行改革，目光也首先聚焦到了为官的道德品质之上。张居正以官德建设为改革的切入点，拉开了改革的序幕。

张居正提出："致理之道，莫急于安民生；安民之要，惟在于核吏治。"[1] 张居正明确把"核吏治"当作"安民"的前提、治理好国家的基础，因此改革先要做到核吏治以安民，为民众创造一个良好的环境。由此张居正大刀阔斧地进行吏治改革，出台了以考成法为代表的纲领性法规，改变了以往官场道德沦丧的习气，为进一步改善民生创造条件。

正如之前所述，张居正敏锐地发现明朝当下的主要问题并不是体制和立法的不健全，而是自嘉靖、隆庆以来，人的道德缺失所引起的。从那时候开始，皇帝弃离高尚的道德追求而堕落于横流的人欲，官员们也开始混迹于仕途，整个官场弥漫着令人窒息的末世气氛。那时候的官场，人们大多沉溺于满足自己的私欲不能自拔，消极堕落的人生观导致他们日益沉沦，哪有心思经邦济世。儒家主张立德修身，可从皇帝开始至上而下的整个官僚队伍却集体迷失了自我，早已将道德礼义廉耻丢在了脑后，变得恬不知耻，唯利是图。这是明朝社会道德风尚整体功能失调的表现。

太祖朱元璋建立了完整的政治制度，但即使制度再怎样完美，都需要靠人去贯彻执行，如果在人的问题上出现状况，那么整个国家就会出现混乱，因此明朝积弊问题的关键在人。张居正把人的主观能动性放到了首位，他认为正是人的道德情操出了严重问题，导致吏治出现严重混乱，国家正常行政运转陷入瘫痪，致使民不聊生。因此首先需要大力进行吏治改革，解决人心道德的问题。之前朱元璋参考了历代王朝的经验教训后，废除了以往的宰相制度，建立了全新的体制："皇帝大权独揽，是唯一的决策中心，以六部为执行系统，以督察院为监督系统，此外又设立通政司为反馈系统。与以往各个朝代相比，皇帝成为真正的首脑，权力机构的其他组成部分都在皇帝一人的指挥之下，像身体的四肢听命于大脑一样，协同动作。"[2] 这种君主专制制度在明朝初年表现得极为高效，而且得益于朱元璋等先帝的勤政，明朝初年国富力强。当年的朱元璋不仅勤政，还有着好学、爱民的高尚品质，他虽贵为君王，但一直保持着勤俭的生活作风。朱元璋主张有度地追求物质需求，且在强大的

[1] 张居正. 请定面奖廉能仪注疏 [M]// 张居正全集. 武汉: 崇文书局, 2022.
[2] 余敦康. 中国哲学论集 [M]. 沈阳: 辽宁大学出版社, 1998.

精神力面前，这个有度的需求必要时也可以放弃。朱元璋不仅自己如此勤俭，还要求大臣们也要像他一样勤俭奉公，由此开创了明初良好的官场道德风气。朱元璋励精图治，建立了完善的法治体系，为后世树立了典范。

明朝初年国家面貌尚好，出现了盛世的局面。这都是皇帝统管全国大小事务，勤政处理政事的功劳。但也正因为皇帝是最高决策者，所以一旦皇帝出现了问题，整个国家就会出现问题。嘉靖、隆庆以来的混乱局面，根源就是皇帝出现了问题，"上失其道，民散于下，贪吏虐政又从而驱迫之，于是不逞之徒乘间而起，堤防一决，虽有智者，无如之何矣。"[1] 皇帝荒淫懒惰，不理朝政，致使皇帝以下的各级官员一盘散沙，各行其是，整个官僚系统陷于瘫痪。因此张居正吏治改革的起点就是皇帝。

张居正深知要想改变以往的弊端，就必须大力改革。而在君主专制的制度下，改革能否最终成功直接取决于皇帝的决心，并且皇帝还是改革的起点。担任首辅后的张居正，同时还担任了当朝万历皇帝的老师。此时的万历皇帝年纪尚小，无论是学习还是治国理政，都需要依靠张居正，这就给了张居正机会。之前张居正多次上疏嘉靖、隆庆皇帝，希望他们以国事为重，励精图治，为朝廷上下起到良好的带头作用，能够带领官员一起克服积弊，但均以失败而告终，而现在直接担任皇帝老师的张居正终于有机会可以培养一位明君了。于是张居正利用一切机会，谆谆教导万历皇帝如何做一位合格的君主。张居正强调道德教化是人君治理国家的重要措施，勉励万历皇帝对待官员要以礼修身，将践行礼作为一种自觉的道德行为。并且皇帝通过道德修养，顺应天德，善者得名，功成而不自立其誉，引导和端正道德风气，使君臣之间相互尊重，和谐共处。这是鉴于之前嘉靖隆庆道德败坏的教训，张居正极其希望万历皇帝能成为一代明君。随后，张居正又将自己改革的思想灌输给皇帝，最终张居正改革的方案获得了皇帝的支持。这样一来，张居正的吏治改革就从根源上开始进行，不仅皇帝开始勤于政事，承担起了治国理政的责任，同时还为各级官员进行了良好的示范。更为重要的是，张居正改革有了皇帝的大力支持，让他能够放开手脚进行改革。

与此同时，张居正还创造性地提出"王者与民信守者法耳"，即王与民共同遵守法的见解。张居正把法的范围扩展到了"王"的身上，他将"法"作为了王与民众都要遵守的准则，无论刑律犯罪还是规章制度，王与民都要共同遵守，这在当时来看确实有着很大的进步意义。由此，张居正拉开了吏治改革的序幕。

国家机器的有序运转离不开高效的行政管理制度。这样的制度需要每一位官员

[1] 张居正 . 杂著 [M]// 张居正全集 . 武汉：崇文书局，2022.

切实履行自己的责任,有效完成自己的本职工作。而官员是否能切实达到这些要求,就需要每一位官员都必须遵守伦理规范。官员要尽职尽能,全面达到"百吏官人无怠慢之事"[1]的状态,国家行政才可能良好运转。官员"所应履行的,按其直接形式来说是自在自为的价值。因此,由于不履行或积极违反(两者都是违背职务的行为)所发生的不法,是对普通内容本身的侵害,从而是侵权行为,或者甚至是犯罪"。[2]

张居正非常重视官员履职尽责的情况,对官员的道德要求就是事前对他们的行为进行约束。官员是国家的行政人员,负责执行国家的各项事务,他们必须首先对自己的工作权限和职责范围有清晰的把握,理所应当视工作为事业,视责任为使命,认真工作,扎实做事,尽其所能,尽力而为。可当时的状况却是"庶官瘝旷""吏治因循"。大多数官员庸懒和腐败,为了自己的私利而结党营私,玩忽职守,各种形式主义充斥官场,造成行政效率低下,朝廷诏令无法贯彻施行,这时监察机关也同流合污,趁机饱吞私囊。张居正一针见血地指出这些官员对自己行为严重缺乏约束:"臣窃见近日以来,朝廷诏旨,多废格不行,钞到各部,概从停阁,或已题'奉钦依',一切视为故纸,禁之不止,令之不从。至于应勘应报,奉旨行下者,各地方官尤属迟慢,有查勘一事而数十年不完者,文卷委积,多致沉埋,干证之人,半在鬼录,年月既远,事多失真,遂使漏网终逃,国有不伸之法;覆盆自若,人怀不白之冤。"[3]这是张居正还未担任首辅前在《陈六事疏》的"重诏令"部分对时局审慎思考后得出的结论。所以明朝积弊的关键是这些身处权力机构的官员,因循苟且,消极懈怠,不以国家的公利为重,利用自己手中的权力大肆营私,最终造成积重难返之势。

张居正看到了以权谋私,贪赃枉法带来的巨大危害,明白上至天子,下至官员,任何个人利益都一定要服从于国家整体利益的道理,所以他内心对于官员的道德要求是希望他们有这样一种道德意识,即自己作为官员所具有的"应当"意识。这种"应当"意识存在于人们的精神世界之中,成为人们的规范,既规范自己,也规范他人。"应当"就是以"该"和"不该"两个标准对官员做出的行政行为进行评价。张居正在《请稽查章奏随事考成以修实政疏》中说道:"盖天下之事,不难于立法,而难于法之必行;不难于听言,而难于言之必效。若询事而不考其终,兴事而不加屡省,上无综核之明,人怀苟且之念,虽使尧舜为君,禹皋为佐,恐亦难以底绩而有成也……近年以来,章奏繁多,各衙门题覆殆无虚日,然敷奏虽勤,而实效盖鲜。"[4]他把症结所在归结

---

[1] 蒋南华. 荀子全译 [M]. 贵阳:贵州人民出版社,1996.
[2] 黑格尔. 法哲学原理 [M]. 范扬,张企泰,译. 北京:商务印书馆,1961.
[3] 张居正. 陈六事疏 [M]// 张居正全集. 武汉:崇文书局,2022.
[4] 张居正. 请稽查章奏随事考成以修实政疏 [M]// 张居正全集. 武汉:崇文书局,2022.

为官员对自己本职工作的不作为或少作为。官员们的地位和作用决定了他们要忠于国家，依法行政，品行端正，这是官员所应该履行的道德规范。张居正认为，官员的道德规范要求官员在行使自己权利的时候，无条件地一心为公，处处考虑国家的尊严与声誉。只有官员秉持克己为公，不营私利，将自己的利益与国家的利益联系起来，国家才能兴旺昌盛，人生也会走向崇高与伟大。

核吏治是张居正改革的起点。所以张居正从两个方面开始大力整顿吏治："一方面是对中央和地方各级文武官员班子逐一加以甄别，该擢该黜该用该革，迅速作出调整……另一方面则是对于留用或新任官员，进行严格的考察和严肃的纪律教育。"[1] 通过这两个方面的努力，张居正对腐败的官场进行了认真整肃，淘汰了一大批不称职的官员，并且通过颁布圣旨对各级官员进行戒谕，向全国发出了大力整顿吏治的信号，表明了从严治吏的决心。而对于贤能的官员，张居正不仅选贤任能，还大力奖励这些栋梁之材。这样张居正就重新建立了一套精干有效，能贯彻推行改革的政务系统。

吏治改革的重点就是提高官员的行政效率，提升他们履职尽责的责任感。为了更进一步加强整顿吏治的效果，对各级官员履职尽责的情况进行监督，张居正在参考了过去成宪的基础上，正式提出"考成法"，对官员的行为进行全方位约束，从而慢慢唤起他们内心的那份责任感，进而转化为一种"道德自律"。

"考成法"的出台，主要作用就是对官员的工作情况进行评价，以制度的形式保证了吏治改革的有力实施，同时也是吏治改革的核心。"考"即考察、考核，成即成效、绩效。"考成法"就是通过定期考核来评价官员是否合格，以此决定官员是否升迁。从制度上规定，大幅度地提高内阁的行政责任和监察责任，通过对吏、户、礼、兵、刑、工六科对吏、户、礼、兵、刑、工六部实行严密的监察。[2] 张居正考成法的具体内容是："及查见行事例，在六科，则上下半年，仍具奏目缴本；在部院，则上下半月，仍具手本，赴科注销。以是知稽查章奏，自是祖宗成宪，第岁久因循，视为故事耳。请自今伊始，申明旧章，凡六部、都察院，遇各章奏，或题奉明旨，或复奏钦依，转行各该衙门，俱先酌量道里远近、事情缓急，立定程期，置立文簿存照，每月终注销。除通行章奏不必查考者，照常开具手本外，其有转行复勘、提问议处、催督查核等项，另造文册二本，各注紧关略节，及原立程限，一本送科注销，一本送内阁查考。该科照册内前件，逐一附簿候查，下月陆续完销，通行注簿，每

[1] 韦庆远. 暮日耀光：张居正与明代中后期政局 [M]. 南京：江苏凤凰文艺出版社，2017.
[2] 韦庆远. 暮日耀光：张居正与明代中后期政局 [M]. 南京：江苏凤凰文艺出版社，2017.

于上下半年缴本，类查簿内事件，有无违限未销。如有停阁稽迟，即开列具题候旨，下各衙门诘问，责令对状。次年春、夏季终缴本，仍通查上年未完，如有规避重情，指实参奏。秋、冬二季亦照此行。又明年仍复挨查。必俟完销乃已，若各该抚、按官，奏行事理，有稽迟延阁者，该部举之。各部、院注销文册，有容隐欺蔽者，科臣举之。六科缴本具奏，有容隐欺蔽者，臣等举之。如此，月有考，岁有稽，不惟使声必中实，事可责成，而参验综核之法严，即建言立法者，亦将虑其终之罔效，而不敢不慎其始矣。"[1] 这一思想从制度上规定了由内阁统领六部，一切政务都在奏章中呈现，提升了内阁人员的行政职责。按照这样的思想，那么就真正可以做到月有考查，年有稽核，凡事都可以责成。

张居正充分发挥了考成法的考核作用。他规定京官三年考满，外官六年考满，其中称职的人员予以升职，平常的人员继续担任原职，不称职的人员将会被罢免。"知府、知县六年一迁，遇有不宜为官，或官不宜的，都要量情更替。各地大员如布政使、按察使三年一迁，中央科道部漕六年一迁。这三年、六年的期限，使得从中央到地方的官员既不久任，又有相对的稳定性，既能随时进行短线考察，又能长线追踪功业名实。"[2] 这种与升迁直接挂钩的考核方式大大提高了官员的工作效率，各级官员感受到考核的压力，因此会秉公守法，尽职尽责，国家机器的运转效率切实提高。通过对业绩的考核，淘汰了一批不称职的官员，精简了冗赘的机构。张居正这样大刀阔斧的改革使得官府面貌焕然一新，行政系统活力增强，腐败与玩忽职守的不正之风得到有效遏制。

考成法实施后，"万历三年正月，核查上一年各地抚按未结事件，凤阳巡抚王宗沐、巡按张更化、广东巡抚张守约、浙江巡抚萧廪均因办事拖延而受到夺俸三个月的处分。到万历六年正月为止，因误期而受处分的抚按官达七十六人"。[3] 张居正雷厉风行地推行考成法，万历初年的朝政大为改观，官员大多能奉公守法，行政效率大大提高。

这种实事求是、赏罚分明的考课制度，真正起到了甄别贤否、惩治奸邪、淘汰无用之辈的功效。由此张居正建立起了一整套严格的公文检查制度，督促官员忠于职守，有效防止了推诿塞责。这也为后来张居正选拔人才、任用贤良提供了有效保证。同时考成法还从外部加强了官员对待责任的认同感，官员履职尽责的过程受到了强有力的监督。履职尽责应该是官员义务性的道德责任，是官员出于行政的普遍

[1] 张居正 . 请稽查章奏随事考成以修实政疏 [M]// 张居正全集 . 武汉 : 崇文书局 , 2022.
[2] 刘志琴 . 张居正评传 [M]. 南京 : 南京大学出版社 , 2006.
[3] 肖少秋 . 张居正改革 [M]. 北京 : 求实出版社 , 1987.

性基本要求而必须尽到的责任，通常以职责的形式表达。考成法对官员实行随时考成，以责吏治，以制度的形式敦促官员要尽自己的责任，在其位谋其政。张居正通过核吏治，使国家的行政效率恢复正常，社会内部环境日趋稳定，也为下一步安民工作创造了前提条件。

### （三）以"安民生"为改革的价值旨归

民生问题一直都是国家治理的要务，事关国家稳定大局。张居正明确把改善民生作为了改革的重点环节，他本着"致理之道，莫急于安民生；安民之要，惟在核吏治"[1]思想，大力进行吏治改革，解决了明朝以往吏治混乱的积弊问题，使国家面貌焕然一新，为解决民生问题奠定了基础。张居正以"安民生"为改革的价值旨归，对民生问题开始进行改革。民生问题就是与民众生活密切相关的问题，主要表现在吃穿住行等生活必需之上。民生问题也是民众最关心、最直接、最现实的利益问题。民生问题事关国家稳定大局，决定着国家的长治久安。之前明朝民间起义不断爆发，社会局势动荡，很重要的原因就是没有解决好民生问题，导致民不聊生，自然稳定无从谈起。出身于普通家庭的张居正，深知民众生活的艰苦与不易，能够感受得到民众身上所承受的巨大负担。深受儒家仁学影响，立志为江山社稷死而后已的张居正，实在不忍看到民众如此凄惨的景象，决心大力改变这种局面。

民众生活困苦，连基本生存都难以维系，因此也导致了社会动荡不安，民间起义不断发生。想要实现国家安定，必须保证民众的基本生活，使他们能够安居乐业。而只有真正体察到民众的疾苦，才能找到切实有效的解决办法。因此张居正主动走进民众之中，详细考察民众实际的生活状况，深入分析导致民生生活艰苦的原因，从而开始大力进行经济改革，通过实施"清丈田地""一条鞭法"等具体措施来满足民众之所需，安定民众之生活，稳定国家之秩序。

众所周知，中国古代封建王朝的财政收入主要来源于赋税。明朝初期通过清丈田地编制了鱼鳞图册，赋役摊派比较合理，国库较为充实，民众尚且能够安稳生活。到了明朝中期，随着地主豪强兼并田地的行为愈演愈烈，官绅利用特权大量隐占土地现象频繁出现，导致赋役严重不均，朝廷所掌握的税田越来越少，国家财政收入日益减少。田地被那些有权势的官绅所占有，从而导致民众的日子一天比一天艰难。"咸以贪吏剥下而上不加恤，豪强兼并而民贫失所故也。"[2]民众的田地不仅

[1] 张居正.请定面奖廉能仪注疏 [M]// 张居正全集.武汉：崇文书局，2022.
[2] 张居正.答应天巡抚宋阳山论均粮足民 [M]// 张居正全集.武汉：崇文书局，2022.

被官绅所占据，还要向他们上缴田赋以求保住自己的产业，如此这般，大量民众开始逃亡，部分地区爆发动乱。张居正表示："仆以一身当天下之重，不难破家以利国，陨首以求济，岂区区浮议可得而摇夺君乎……有敢挠公法，伤任重之臣者，国典具存，必不容贷！"[1] 所以在整顿吏治的基础上，清丈田地开始逐步在全国范围内展开。

张居正对于田地问题有着深刻的思考并抱有着坚定的信念。他认为："丈田、赈饥、驿传诸议，读之再三，心快然如有所获。盖治理之道，莫于安民。"[2] 在农业经济占据主体地位的时代，田地是农业繁荣的重要条件，而民众拥有田地的多少以及赋役制度的合理与否也成为了影响农业生产的关键因素。但那时的局面却是豪绅通过特权来大肆掠夺他人的田地，不但躲避了赋役差徭，而且还通过霸占他人的田地不断饱吞私囊。虽然田地情况糟糕，税粮严重不均，国家财政遭受了巨大损失，但这些官绅却不为所动，反而变本加厉地继续剥削，他们眼里只有通过各种压榨手段来继续扩大自己的私利，其他的都和自己无关。管子说："地者，政之本也，是故地可以正政也，地不平均和调，则政不可正也；政不正，则事不可理也。"[3] 田地问题是社会根本性问题，田地问题不解决其他问题就不可能得到解决，而田地问题的关键就是分配要平均合理，所以管子将"均地"作为了执政的首要任务。管子强调："道曰，均地分力，使民知时也，民乃知时日之蚤晏，日月之不足，饥寒之至于身也；是故夜寝蚤起，父子兄弟，不忘其功。为而不倦，民不惮劳苦。故不均之为恶也：地利不可竭，民力不可殚。不告之以时，而民知；不道之以事，而民不为。"[4] 田地平均分配，民众就会晚睡早起，不辞辛苦地生产经营。田地如果没有平均分配下去，就不能被充分利用，人力得不到充分发挥。管子"均地"思想是"对当时各种不同质的土地的相互折合，这样做是为了便于征取赋税"。[5] 但是这种构想在明朝中期遭到了严重破坏。张居正所要解决的正是官绅大量侵占民众田地的问题，使之能恢复到"均地"的理想状态。张居正知道清丈的过程不会一帆风顺，从那些豪绅手里收回多拿多占的田地势必会遭到他们的顽强抵抗。但张居正不为所动，他不断鼓励福建巡抚耿楚侗："丈田一事，揆之人情，必云不便，但此中未闻有阻议者，或有之，亦不敢于仆之耳。'苟利社稷，死生以之。'仆比来唯守此二言，虽以此蒙垢致怨，而于国家寔为少裨，愿公之自信，而无畏于浮言也。"[6] 对于官绅的负隅顽抗，

[1] 张居正.答应天巡抚宋阳山论均粮足民 [M]// 张居正全集.武汉：崇文书局，2022.
[2] 张居正.答福建巡抚耿楚侗言致理安民 [M]// 张居正全集.武汉：崇文书局，2022.
[3] 谢浩范，朱迎平.管子全译 [M].贵阳：贵州人民出版社，1996.
[4] 谢浩范，朱迎平.管子全译 [M].贵阳：贵州人民出版社，1996.
[5] 唐凯麟，陈科华.中国古代经济伦理思想史 [M].北京：人民出版社，2004.
[6] 张居正.答福建巡抚耿楚侗谈王霸之辩 [M]// 张居正全集.武汉：崇文书局，2022.

张居正坚决按章办事，执法以绳，无论是谁都不能例外。万历八年，阳武侯薛禄后裔想额外优免，山东巡抚杨俊民询问张居正如何处置，张居正表示："承询阳武（侯）优免事，查律，功臣家除拨赐公田外，但有田土，尽数报官，纳粮当差。是功臣田土，系钦赐者，粮且不纳，而况于差！锡之土田，恩数已渥，岂文武官论品优免者可比？若自置田土，自当与齐民一体办纳粮差，不在优免之数也。近据南直隶册开，诸勋臣地土，除赐田外，其余尽数查出，不准优免，似与律意相合。"[1]

在张居正的努力下，清丈取得了显著效果，清丈后全国实有垦地比改革之前明显增加。经过清丈，那些被官绅所兼并隐匿的田地都被清理出来，被官绅逃避转嫁的赋役也被一一发现。这样一来，民众的负担大为减轻，国家的收入得以增加，民生得以安定。张居正在清丈过程中，"运用国家的权力，来均担赋役，调整国家、豪强和小民三者之间的关系，调整社会财富中剩余产品再分配的比例与方向，使之向比较有利于国家与小民、而不利于豪强兼并的方向，作出适当的改变，而不是一味地加强聚敛，加重小民的负担"。[2]

"省力役，薄赋敛，则民富矣。"[3] 孔子提倡通过富民起到爱民的效果，同时他强调在分配问题上也要做到公平，分配不公就是不爱民的表现，就会引起社会的混乱。国家收入大多来自百姓生活、生产的剩余，要想国家钱粮布帛充盈国库，就需要民众富有余粮余财，从而扩大再生产，民众上缴的粮帛赋税就会更多。相反，如果过度征收赋税，就会使得民众收入降低，势必会加重民众的生活负担。这种竭泽而渔的做法持续下去会使以后的赋税征收难以为继，赋税匮乏，国家不能持续发展。所以张居正说："于税敛则薄之，而取民有制。"[4]

明代的赋役制度主要由赋税和徭役两个部分组成。赋税的重要组成部分就是田赋。张居正的清丈工作有力地解决了"田赋不均"的问题，接下来张居正把目光转到了赋役制度的另一个重要组成部分——徭役。

在此之前，明朝由于不合理的徭役制度严重加剧了民众的负担，社会矛盾日益凸显。"由于徭役的摊派侧重于人丁，所以，无田少田而主要靠自己的劳动力维持生活的百姓负担较为沉重。"[5] 有的官绅不仅可以享受优免徭役的福利，还勾结官府将徭役转嫁给民众，大大加重了民众的负担。为了缓和社会矛盾，张居正在清丈工作起到"均赋役"的实际效果后逐渐开始在全国部分地区推行"一条鞭法"。

[1] 张居正. 答山东巡抚杨本庵 [M]// 张居正全集. 武汉：崇文书局，2022.
[2] 李芳. 张居正为政思想研究 [D]. 桂林：广西师范大学，2006.
[3] 王德明. 孔子家语译注 [M]. 桂林：广西师范大学出版社，1998.
[4] 张居正. 孟子 [M]// 四书直解. 北京：九州出版社，2010.
[5] 肖少秋. 张居正改革 [M]. 北京：求实出版社，1987.

　　一条鞭法的首创者是明朝的桂萼，但推行时遭遇了很大阻力。隆庆时期，庞尚鹏在福建边缘一带主持一条鞭法的具体实施。张居正担任首辅后，实施一条鞭法的地区较之前已大为扩展。一条鞭法就是把各州县的田赋、徭役以及其他杂征总为一条，合并征收银两，按亩折算缴纳。"赋役征收方式由实物力役为主变为以征收货币为主，削弱了封建人身依附关系，刺激了商品经济的发展。"[1]

　　在具体实施一条鞭法的过程中，张居正主张："政以人举，法贵宜民，执此例彼，俱非通论。"[2] 这是他吸收了法家"扫无用之物，重实际效果"思想而提出的论断。之前一条鞭法在实施过程中遭受到了强大的阻力，一直都未能完全发挥作用。现在张居正虽然官至首辅并手握大权，但在推行一条鞭法时也同样受到了强烈反对，究其原因还是一条鞭法的推行必然会涉及各阶层官员的切身利益，另外官员分析问题的角度不同，自然结论也会不同。因此有人提出："徒利士大夫，而害小民。"[3] 言下之意就是停止推行一条鞭法。张居正吸取了之前一条鞭法的教训，他认为判断事物利弊的标准是观察它的实际效用，如果能起到积极效果就应该继续坚持。所以张居正回答道："条编之法，有极言其便者，有极言其不便者，有言利害半者。"[4] 同时在一条鞭法的使用上张居正也十分谨慎，一条鞭法只有在确实取得了实际效果的地区才继续推行，而且根据全国各地方的不同情况，采取了比较灵活的政策，没有一口气将一条鞭法推向全国。张居正认为一条鞭法的推行要看具体的、客观的条件，此地取得了成功并不意味着彼地也能取得同样效果。谚语"橘生淮南则为橘，生于淮北则为枳，叶徒相似，其实味不同"，正是这个道理。所以张居正说："果宜于此，任从其便。如有不便，不必强行。"[5] 在一条鞭法的施行过程中，全国性的清丈工作尚未全部完成，而清丈又与一条鞭法是相辅相成的，所以对于一条鞭法，张居正也多次强调："一条编之法，近亦有称其不便者。然仆以为，行法在人，又贵因地。此法在南方颇便，既与民宜，因之可也，但须得良有司行之耳。"[6] 可见张居正主张因地制宜地进行一条鞭法。但即便如此，反对之声也从未停歇。

　　民生问题关乎国家安危，是社会稳定的决定因素，同时也是张居正民本思想的出发点。民生问题不解决，更大的混乱就会随之而来。张居正正是看到一条鞭法所具有的重大意义，知道该法的推行势必会触动那些既得利益者们的利益，但不解决

[1] 肖少秋.张居正改革 [M].北京：求实出版社，1987.
[2] 张居正.答少宰杨二山言条编 [M]// 张居正全集.武汉：崇文书局，2022.
[3] 张居正.答少宰杨二山言条编 [M]// 张居正全集.武汉：崇文书局，2022.
[4] 张居正.答少宰杨二山言条编 [M]// 张居正全集.武汉：崇文书局，2022.
[5] 张居正.答少宰杨二山言条编 [M]// 张居正全集.武汉：崇文书局，2022.
[6] 张居正.答楚按院向明台 [M]// 张居正全集.武汉：崇文书局，2022.

民生问题就解决不了明朝的根本性问题。面对种种质疑之声，张居正断然表示："条编之法，近旨已尽事理……仆今不难破家沉族，以徇公家之务，而一时士大夫乃不为之分谤任怨，以图共济，亦将奈之何哉？计独有力竭而死已矣。"[1] 张居正这样破釜沉舟，甚至"破家沉族"的决心足以彰显他施行一条鞭法的坚定信念。

万历九年，随着清丈工作的基本结束，张居正开始在全国范围内推广一条鞭法。一条鞭法的重点是徭役，张居正的一条鞭法较之以往的一条鞭法的区别在于："将以前按照户、丁征役改变成按照丁、地征役的方法，将力役转入田赋，按照田亩数量进行计算征收。将除了漕粮之外的征收之物全部折换为银两，以代替实物的征收。同时由官府雇人办理此事，减少了征收程序，简化征收过程。一条鞭法将税收化繁为简、税费合一。"[2] 一条鞭法的广泛推行减轻了民众赋税以及徭役的负担，遏制了以往地主官绅将赋税和徭役转嫁给民众的不合理现象，调整了民众的赋役份额，避免民众入不敷出。随着民众生活秩序的稳定，明朝国库的收入也得以增加，加强了中央财政的统一管理。

一条鞭法的实施是对以往赋役制度积弊所进行的一次大革除，采用新制度改变了以往国家财政混乱的状况，符合大多数民众的诉求。一条鞭法很大程度上解放了民众以往对于国家及官绅之间的依附关系，结束了以往民众为逃避繁重徭役而逃亡的状况。一条鞭法首先将国家的一部分税收从民众转移到地主官绅那里，减轻了民众负担；其次徭役和田赋的合并，使一部分人群摆脱了徭役的牵制。"凡此种种，不但对于当时的民生国计大有裨益，而且，对整个社会的经济发展和对后代的财政制度，也产生过重大的影响，具有重要的历史意义。"[3]

### 三、从伦理学角度看张居正改革与王安石变法的差异

在我国历史的各个时期，每当国家面临危机时，都会有敢为人先的有识之士挺身而出，置个人安危于不顾，以救国安民为己任，锐意改革，兴利除弊。张居正作为明代首辅，他的改革挽救了天下苍生，挽救了破败不堪的国家。张居正是明朝著名的改革家，人们不可避免地将他与历史上的其他改革家进行比较。在这些改革家中，比张居正早 500 年的王安石，他的改革同样在历史上留下了重要影响。王安石是宋代著名的改革家，他的改革史称"王安石变法"。王安石与张居正一样，所处

[1] 张居正.答总宪李渐庵言驿递条编任怨 [M]// 张居正全集.武汉：崇文书局，2022.
[2] 赵改萍，席永刚.张居正"一条鞭法"与农村税费改革之比较 [J].经济研究导刊，2010（31）.
[3] 韦庆远.暮日耀光：张居正与明代中后期政局 [M].南京：江苏凤凰文艺出版社，2017.

的时代都是风雨飘摇，所以他们的出发点都是为了革除积弊，救国救民。但不同的是，张居正生前主持的十年改革一直在有条不紊地进行，并起到了实际效果，改变了整个国家的面貌。但王安石在实行变法的过程中，曾先后两次被罢相，变法没有完全实施便戛然而止，最后王安石也郁郁而终。其中的原因是什么呢？我们可以从伦理学角度探讨"张居正改革"与"王安石变法"的差异，以找到答案：

第一，张居正改革与王安石变法所获得的"伦理支持"完全不同。在之前章节中论述到张居正本着"谨遵祖制"的原则，提出"不可轻变，亦不可苟因"的伦理思想，这是张居正改革所遵循的基本思想，基于"法先王"与"法后王"的争论，是改革能够顺利实行的根本所在。

针对"法先王"和"法后王"的争论，张居正提出"不可轻变，亦不可苟因"的观点，虽然包含着他大力倡导改革的内容，但有些东西没有改变，而部分就源自"祖制"，即遵循高皇帝，"法先王"。张居正一直坚称自己谨遵祖制，没有违背祖宗之法。从伦理学角度看，张居正并没有违背封建纲常伦理，将不可违背的"祖制"谨记在心。而王安石在主持变法时却提出了"天变不足畏，祖宗不足法，人言不足恤"[1]的"三不足"之说。这种看似具有破除积弊、大胆创新的精神的观点，受到了改革家们的大力称赞，但在守旧派眼里却是太过狂妄自大。从伦理学角度看，天、宗法、人言是中国传统伦理思想中的最高原则，人人敬畏之，可是王安石却提出可以将他们全部进行改变，这无疑是对传统封建伦理思想的巨大冲击。

王安石秉承着"三不足"的思想主张变法，势必会遭到不少人的强烈反对，这种有违祖宗法度的不敬思想，不仅统治集团内部人员不会接受，黎民百姓也难以接受。在思想尚且保守的宋代，守旧派是无论如何都不会让他改变祖宗之法的。而对比张居正的改革，虽然也是破除旧习的改革，也同样遭到了反对派的强烈抵制，但张居正为自己的改革找到了"伦理依据"，他打着谨遵高皇帝祖训的"法先王"大旗，在伦理上没有违背祖制，获得了较多人的支持，从而保证了改革的顺利进行。

第二，张居正与王安石所秉持的信念和毅力有着很大的不同。张居正为了全力推行改革，有着破釜沉舟的坚定信念与毅力，这种坚决将改革进行到底的精神，让他可以无惧权贵，甚至不惜以违背传统伦理道德的"夺情"作为代价，只为给衰败的明朝带来生机。这种立志行大事，躬行为社稷的优良品德，在当时的改革中起到了重要作用，可以说难能可贵。当然，正是他这种顽强的、敢于拼搏的精神使他的改革取得了一定的成效。张居正这种不惜压上身家性命的改革信念与毅力，王安石

[1] 邓广铭.北宋政治改革家王安石[M].北京：北京出版社，2016.

是不具备的。王安石虽然推行变法，但他一方面不敢得罪大官僚等既得利益集团，另一方面又不敢大刀阔斧地进行吏治改革，在变法中又多次谢病来消极抵抗皇帝的动摇。特别是在儿子死后，王安石更是悲伤难抑，力请辞职。相反，张居正置个人得失、生死、毁誉于不顾，赴汤蹈火而不悔。

第三，王安石和张居正背后支持者的不同态度也是两人改革结果迥异的关键。王安石是宋朝宰相，张居正是明朝首辅，他们都是辅佐皇帝治国理政的最重要之人。张居正担任首辅时，明神宗年纪尚小，不能独自处理国家政事，所以国家的大小事务均交给张居正处理。而且张居正还担任明神宗的老师，对其学习活动全权负责。在对神宗皇帝的教导中，张居正非常注重对其道德的培养，致力于将皇帝培养成真正的内圣外王之君。因此，十年的首辅生涯，张居正与明神宗建立了深厚的感情，明神宗对张居正信赖有加。而张居正对明神宗也是尽职尽责，"忠君"到了极致。张居正对明神宗循循善诱，让明神宗打心眼里佩服张居正，平日都以"先生"称呼，从不直呼张居正的名字。基于张居正所教导的优良德行，皇帝日益认识到以往官场道德败坏的严重性以及世风日下的窘迫状况，从而内心深处也希望官场的习气有所改变。国事基本都交给了张居正打理，足以显现明神宗极其依赖张居正的事实，所以张居正改革可以顺利实施。张居正改革受到了反对派潮水般的攻击，每到关键时刻，明神宗总是会出面平息风波，即使后来发生了"夺情"这样有巨大伦理争议的事情，明神宗依然坚决支持张居正，可见张居正背后强大的支持是保证他每次都可以全身而退的根本原因。

而反观王安石，虽然他服务的皇帝也是神宗皇帝，但不是明神宗，而是宋神宗，一字之差却天壤之别。很明显，王安石与宋神宗之间的亲密程度远远不及张居正和明神宗，这一点从王安石两次被罢相就能看出来。王安石同样是从改善国家积弱局面出发实施变法，但和张居正的外儒内法不同，王安石过于激进的变法思想让以儒家思想为主流的社会难以接受。虽然王安石变法也取得了很大的成效，但是诸如一味开辟财源，为尽可能多地增加国家财政税收而导致民财匮乏的情景频频出现，民生问题更加严重。而张居正提出了"致理之要，莫急于安民生"的思想，并且通过各项举措积极践行这一思想，切实解决了民生问题，彰显了张居正民本思想的内涵以及经世致用的根本宗旨，虽然期间遭到既得利益集团的强烈抵制，但对于稳定国家之根本具有深刻意义，因此获得了广泛的支持。但王安石变法却过于急功近利，无意中加剧了社会危机，导致了非常严重的后果。这些宋神宗自然都看在了眼里，再加上反对派趁机落井下石，宋神宗自然对王安石也心存不满。此时王安石又提出

"三不足"思想，声称连祖宗之法都可以改变，这种大逆不道的话都可以说出口的王安石，如何让宋神宗放心大胆地任用他呢？王安石变法从伦理学角度看，明显有违传统，也就没有皇帝的鼎力支持，再加上王安石与皇帝之间的关系远远不及张居正与万历皇帝，这也是王安石变法难以成功的重要因素。宋神宗对王安石变法的态度总是摇摆不定，这也是王安石变法一开始便遭遇强大阻力的根本原因。宋神宗一去世，王安石变法便被全面废除了。

张居正基于"谨遵祖制，因势利导"的原则，提出"不可轻变，亦不可苟因"的伦理思想，为自己改革找到了伦理依据，拥有了一个可以稳定实行改革的环境并以其坚强的毅力贯彻推行改革，再加上和万历皇帝的深厚感情，以及皇帝对自己的信任，改革能够顺利推行，这是历代多数改革家难以做到的。

## 第二节 官德思想

古人常说做人讲人品，做官重官德。无论做人做官都与德行息息相关。孔子说："为政以德，譬如北辰，居其所而众星共之。"孟子也指出："上无礼，下无学，贼民兴，丧无日矣。""为政以德"构成了儒家官德思想的核心内容。官德是掌握着治理国家公共权力的从政者所要遵循的道德准则，基于他们领导者的极高地位，社会对他们有着极高的道德期望，所以他们的道德状况起着引领社会道德风范的关键性作用。对于投身仕途的他们来说，官德是从政者首先要遵守的准则。位高权重的人不一定品德高尚，但品德高尚必定心善，才能声望重。当官要德才兼备、以德为先。因此张居正非常重视德行的重要作用，积极提倡通过"修养"提升道德水平。张居正从小就立志投身仕途，凭借自己不懈努力在嘉靖隆庆时代为后续的改革奠定基础，直至万历实行长达十年的改革并取得重大成功，这一切都和他一直以来所秉持的官德思想息息相关。

### 一、官德思想的内容

国无德不兴，人无德不立，官无德不为。张居正认为："修己以敬，乃千圣相传之要，而尧舜犹病，实圣人无穷之心。人君诚能法尧舜之敬以修身，而推尧舜之心以图治，何患德不符于二帝，而世不跻于唐虞哉。"[1] 官员们一定要加强道德修养，用道德规范自己的行为，内心做到庄重谨慎，不能有一丝的安乐放纵，否则就会堕落。正所谓："人

---

[1] 张居正. 宪问 [M]// 四书直解. 北京：九州出版社，2010.

虽有才，而苟无其德，是亦小人而已，何得为君子乎？"[1] 即使一个人再有才能，但是品德低下，也不能称为真正的君子。评判君子要以德为先。因此，"德"是为官的第一要义。张居正深受儒学影响，他一方面坚持儒学政治家的勇于担当、勤政守职、意志坚定、廉洁的官德思想，另一方面又把这些思想落实到行动中，表现出儒学政治家的道德操守。

### （一）勇于担当

"勇于担当"的精神贯穿中华民族的历史长河，历朝历代都涌现出了无数为国为民鞠躬尽瘁死而后已的仁人志士，"勇于担当"的精神响彻浩瀚的历史长空。简单说来，"勇于担当"就是勇敢地承担任务并负起责任。从深层次上来讲就是人们在职责需要时，没有丝毫犹豫，履行相应的义务，并在其过程中迸发出自己所有的力量。这种建立在群体利益之上的伟大气魄和务实作风，正是官员心中自觉的情感追求，也是官员道德规范的核心价值取向。

"士不可以不弘毅，任重而道远。仁以为己任，不亦重乎？死而后已，不亦远乎？"这是孔子身处乱世勇于担当的真实写照。张居正所处的翰林院是当时国家最高级的文化学术中心，主要负责论撰文史、考议制度、经筵日讲等工作。其实自汉代以后，中国政治主导思想就是以孔孟为宗的儒家思想，无论是国家的各级学校还是科举考试的内容全部都是儒家经典。张居正在老师徐阶的教导下继续深造了三年并给皇太子当讲官，所讲内容是《大学》《书经》，可以说张居正已经通晓儒家经典。面对这千疮百孔、内忧外患的明朝时局，身处官场的张居正心急如焚，借孟子的"夫天未欲平治天下也，如欲平治天下，当今之世舍我其谁也"，张居正感慨："是可见孟子自任之重，故去国而不能无忧，自信之深，故处困而不失其乐，圣贤之存心如此，众人固不识也。"[2] 张居正认为官员应该多多参与政事，承担起自己的责任。

正因为张居正勇于担当，他才能冲破重重阻力，强力推行国家的全面改革。张居正勇于担当的思想主要表现在两个方面：

首先，勇于担当就要一心为国为民，以天下为己任。此时的明朝已是内忧外患，年轻官员大多缺乏忧患意识，本该担当责任，恪尽职守，以天下为己任的他们，却无动于衷。儒学强调当胸怀天下，以天下之忧乐为忧乐。最早孟子就提出要将个人的"忧"与百姓的"忧"结合起来，即："乐民之乐者，民亦乐其乐。忧民之忧者，

---

[1] 张居正.宪问 [M]// 四书直解.北京：九州出版社，2010.
[2] 张居正.孟子 [M]// 四书直解.北京：九州出版社，2010.

民亦忧其忧。"而后范仲淹"先天下之忧而忧，后天下之乐而乐"的忧乐思想，则是儒家精神的凝练与升华，体现出了一种以天下为己任，为国为民的责任担当意识。将本职工作放在首要位置本是为官的基本要求，也是政治伦理思想中的核心概念。身为朝廷官员，理应立足岗位，强化责任担当，视责任为使命，出色地完成自己的本职工作。可有些官员将重心放在与国事无关的诗文上。还有些人以翰林院为跳板，四处结党私营，巴结豪门，意图日后飞黄腾达。这样的官场氛围让张居正心痛不已，在写给其儿女亲家高廉泉的诗中表达了自己对"世途险恶"的忧虑，他感慨："风尘何扰扰，世途险且倾。勉哉崇今德，慰此难索情。"[1]西汉史学家司马迁以"常思奋不顾身，而殉国家之急"勉励自己要想着国家的危难，为了国家甚至可以不顾自己的生命。而张居正也有着同样的情怀，与那些整日消极堕落的官员不同，他并没有流俗，他说："君子处其实而不处其华，治其内而不治其外。"[2]他认为翰林院应是培养"任天下之重"的人才的地方，大家应该用心关心国事，那些呻章吟句的事情，不过是孩子们所学习的东西罢了。官员们不应该沉迷于那些华而不实的东西，应该立足实际，经世致用。而应滦州知州陈养吾之请，张居正在滦州本地的《刻滦州志》序言中也强调应多多留心国事："夫侈国家舆图之广，记斯地蛮夷之迹，以垂示于不朽者。微斯文，乌能有征于后世哉！"[3]明代历史学家王世贞在回忆张居正这段时期的经历时曾说："诸进士多谈诗为古文，以西京、开元相砥砺，而居正独夷然不屑也。与人多默默潜求国家典故与政务之要切者。"[4]

其次，勇于担当就是要深爱国家和人民，关键时刻能够挺身而出。嘉靖二十八年（1549年），张居正经过深思熟虑后向皇帝呈上《论时政疏》，表达了自己忧国忧民的想法并指出了当时社会存在的主要问题，迫切希望能够得到皇帝的重视。《论时政疏》也是张居正第一次系统阐述自己政治主张的奏疏，初露头角的张居正展示了自己心中一直以来的政治抱负。"其大者：曰宗室骄恣、曰庶官瘝旷、曰吏治因循、曰边备不修、曰财用大匮，其他为圣明之累者，不可以悉举，而五者乃其尤大较著者也。"[5]张居正指出宗室之人骄横放纵、人才缺乏、官吏因循守旧、边防废弛、国家财政亏空等五个方面是国家出现没落景象的原因所在，而官场弊病的关键就是"考课不严，名实不符"。[6]张居正正是从国家、人民的利益出发，出于对国家和人民

[1] 张居正.送高廉泉之任[M]// 张居正全集.武汉：崇文书局，2022.
[2] 张居正.翰林院读书说[M]// 张居正全集.武汉：崇文书局，2022.
[3] 张居正.刻滦州志序[M]// 张居正全集.武汉：崇文书局，2022.
[4] 王世贞.嘉靖以来内阁首辅传[M].郑州：中州古籍出版社，2016.
[5] 张居正.论时政疏[M]// 张居正全集.武汉：崇文书局，2022.
[6] 张居正.论时政疏[M]// 张居正全集.武汉：崇文书局，2022.

的挚爱，直言不讳地指出以上五种情况只不过是表象，更深层次的原因是在皇帝本身。此刻的皇帝早已被蒙蔽双眼。"自古圣帝明王，未有不亲近文学侍从之臣，而能独治者也。今陛下所与居者，独宦官宫妾耳。夫宦官宫妾，岂复有怀当时之忧，为宗社之虑者乎？今大小臣工，虽有怀当时之忧、为宗社之虑者，而远隔于尊严之下，县想于於穆之中，逡巡嚅口，而不敢尽其愚。"[1] 皇帝信息阻塞，很难听见贤臣的肺腑箴言。皇帝是国家的最高决策者，因此张居正指出："伏愿陛下览否泰之原，通上下之志，广开献纳之门，亲近辅弼之佐，使群臣百寮皆得一望清光而通其思虑，君臣之际晓然无所关格，然后以此五者分职而责成之，则人思效其所长，而积弊除矣，何五者之足患乎？"[2] 担任首辅后的张居正大刀阔斧地进行了改革，面对反对派的强烈抨击，张居正说："二十年前，曾有一宏愿，愿以其身为蓐荐，使人寝处其上，溲溺之，垢秽之，吾无间焉。此亦吴子所知。有欲割取吾耳鼻，我亦欢喜施与。"[3] 由此可看出身为首辅的张居正忧国忧民，关键时刻能够挺身而出，有誓将改革进行到底的担当。

### （二）勤政守职

"我国战国时期成书的《周礼·考工记》里，就概括了当时的职业分工，指出'国有六职'，即王公、士大夫、百工、商旅、农夫、妇功。士大夫（官僚和小贵族）之职是'作而行之'。"[4] 社会分工分化出了不同的职业，接着不同职业的群体又逐步形成了自己特殊的共同利益与共同义务。而他们为了维护自己的利益和秩序便产生出了特殊的道德要求，即职业道德。这种道德要求规定了不同职业要承担不同的社会职责。而对于官员来说，职业道德规范中非常重要的一项就是勤政守职。

勤政守职顾名思义就是勤于政事，忠于职守。无论时代如何变迁，勤政守职永远是时代的呼唤，也是为官应严格遵守的准则。勤政守职具体表现为恪尽职守，勤于政事，认真负责地为国为民做事。古人云："勤者，政之所要。"晋代成公绥在《贤明颂》说道："王用勤政，万国以虔。"孔子也说："不患无位，患所以立；不患莫知己，求为可知也。"勤政守职还是国家建设的重要内容，体现在敢为敢当，为国家尽职尽责，为人民谋福利。因此，勤政守职历来为各朝各代的统治者所提倡，也是中华民族代代相传的美德。勤政守职理所应当为官者职业道德规范的重要内容之一。

[1] 张居正. 论时政疏 [M]// 张居正全集. 武汉：崇文书局，2022.
[2] 张居正. 论时政疏 [M]// 张居正全集. 武汉：崇文书局，2022.
[3] 张居正. 答吴尧山言宏愿济世 [M]// 张居正全集. 武汉：崇文书局，2022.
[4] 罗国杰. 伦理学教程 [M]. 北京：中国人民大学出版社，1997.

张居正认为:"苟上不能致君,下不能泽民,而吾之职分有亏,即幸而居位,亦不免尸位之诮矣!"[1] 由此可见,勤政守职是张居正官德思想中的重要内容。张居正勤政守职的特点就是在其一生的政治生活之中,将努力辅佐皇帝和爱护百姓作为自己一生的奋斗目标,恪守自己的职责,为江山社稷及广大老百姓全力施行改革,把毕生精力全部投入改革之中,直到生命的最后一刻还在为国为民献计献策,真正做到了勤政守职。

张居正勤政守职主要表现在两个方面:其一是自己以身作则,率先垂范,鞠躬尽瘁,树立为官的优良德行榜样;其二是不断勉励他人心怀天下,做出应有的贡献。

其一,以身作则。张居正坚信只有自己先做好榜样,身体力行,才能推进改革的顺利进行。他认为:"今则不然,上官惮于巡行,而百姓苦于供费,失其职矣。君子为政,固在先劳,然先之而不从,则亦不免绳之以法,不然,徒以一身劳之,无益也。"[2] 朝廷官员是国家治理活动中的重要人物,直接承担了辅佐皇帝治理国家的这份责任。他们对自己身份的认识逐渐会形成自己对其所承担的工作的一种自觉性。这种自觉性促使每一个朝廷官员根据国家利益,以及自己应对这份职业所尽到的义务,不断约束和调节自己的行为,最终对自己的行为进行评价。评价促使每一个朝廷官员为高尚行为感到光荣,对自己未能尽职尽责感到内疚,对同行业其他人员的不良行为感到不齿。实践证明,官员有无强烈的事业心和责任感,能否尽职尽责地做好自己的本职工作,直接关系到国家的稳定大局。而此时明朝的混乱状况就是朝廷官员们责任意识严重缺失导致的。当时的朝政,严嵩日益专权,朝政黑暗混乱,身在翰林院的张居正不断表达自己对时局的不满情绪与担忧。张居正感慨:"寒予秉微尚,适俗多忧烦。侧身谬通籍,抚心愁触藩。"[3] 与其他消极堕落不求上进的官员不同的是,张居正虽然感慨时局动荡,自己力所不及,但他相信只要保持这份责任意识,时局终究会得到改观。因此他坚守自己的岗位,时刻用老祖宗的遗训"皇明祖训,凡七易稿。揭于西庑,朝夕省览,改定,六更寒暑而始成"[4] 激励自己奋进。这篇明太祖朱元璋早年勉励后代帝王的遗训也成了后来张居正失落之时的精神支柱。

张居正的勤政守职,以身示范,对为官品德的认识和看法有着自己的论断,兢兢业业,身行力践。张居正认为:"书中谓莅事之初,未遑施措,惟有兢业。只此'兢业'

[1] 张居正.宪问 [M]// 四书直解.北京:九州出版社,2010.
[2] 张居正.答赵汝泉 [M]// 张居正全集.武汉:崇文书局,2022.
[3] 张居正.述怀 [M]// 张居正全集.武汉:崇文书局,2022.
[4] 张居正.杂著 [M]// 张居正全集.武汉:崇文书局,2022.

二字，便是施为之本。尧、舜之所为圣者，亦不外此，幸免图力践。"[1] 张居正提倡对工作要时刻保持兢兢业业、勤恳的态度，要身行力践。他痛恨那些身在其位却责任意识不强、履职尽责不力的官员对国家的侵蚀。那些敷衍塞责，明哲保身的官员们，已无心工作，致使社会矛盾严重激化。他们主观思想的严重偏差加上管理制度的松弛，让这些国家蛀虫抱着养尊处优的庸政态度面对国事。因此张居正改革首先就是拿这些人开刀，而自己无论何时何地都保持着勤政状态。即使是嘉靖三十六年，不受重用心灰意冷而告假还乡的张居正，心中依然牵挂着国事。那一年春天俺答率兵攻打山西大同等地，倭寇也多次进攻通州等地，南北边防严重吃紧，国事堪忧。看着这种严峻的形势，张居正概叹："丈夫礌砢贵如此，何能龌龊混泥滓。看君倜傥有奇概，赠此相逢慰知己。尊前舞罢玉龙飞，一道寒光进江水。"[2] 此诗一方面表达了大丈夫要有所为的心情，还有对能人志士出现拯救时局的期盼。张居正认为勤政守职应该是每位为官者所应尽的责任。这种责任需要各级官员的实际行动。十年的改革实践，张居正时时刻刻用勤政守职激励自己完成改革大业。当万历三年改革已经见到实效的时候，张居正仍然不敢怠慢，在与前内阁首辅李春芳的信中，张居正坦言："唯平生所与共许委身致主之义，则不敢有一毫有负于久要，独此庶可少慰尊怀耳。"[3] 由此显示了自己身为朝廷官员立志以身报国的决心。

其二，不断勉励他人心怀天下，做出自己应有的贡献。天下兴亡，匹夫有责，每一位朝廷官员理应当心怀天下，在自己的岗位上做出自己应有的贡献。但当时的实际状况是他们中的大多数人既不安心也不尽心，整日阳奉阴违敷衍塞责，失职渎职情况时有发生。与此同时，张居正改革急需大量的人才配合具体举措的实施。要改变这种消极现象就必须启发和培养官员们为国奉献的责任感，力求将勤政守职转化为他们的内在品质和行为习惯，最终达到改变明朝衰败命运的目的。在写给张总宪的信中，张居正勉励他："此共报国之秋也。愿树勋庸，以酬知遇"[4]。边关大将王崇古即将离任总督，但新任总督方金湖还未到任，而且此时边防情况并不乐观，张居正勉励王崇古："古人去之日如始至，惟公留意焉。"[5] 希望王总督能够有始有终，真正做到在自己的岗位上承担自己的责任。

可见，张居正是明朝勤政守职的典范。正是因为有了张居正的勤政守职，改革才能够一直进行下去。张居正鞠躬尽瘁，他坚定地认为："苟利国家，何发肤之足

---

[1] 张居正. 答守备太监王函斋 [M]// 张居正全集. 武汉：崇文书局，2022.
[2] 张居正. 宝剑篇 [M]// 张居正全集. 武汉：崇文书局，2022.
[3] 张居正. 答石麓李相公 [M]// 张居正全集. 武汉：崇文书局，2022.
[4] 张居正. 答张总宪 [M]// 张居正全集. 武汉：崇文书局，2022.
[5] 张居正. 与王鑑川言兢业边事 [M]// 张居正全集. 武汉：崇文书局，2022.

惜;戴铭肺腑,终衔结以为期。"[1] 所以他一直心系改革,并将全部的精力投入其中,即使自己身患重病乃至去世前的弥留之际还在牵挂改革的进程。万历七年病中的张居正致信河道总治理潘季驯:"今仗公鸿猷,平成奏绩。不穀因得藉手以少效于万一,一年内,庶几可纳管钥谢去矣。谂伏秋已过,诸公无恙。秋杪冬初,可告成事。"[2] 正是这样的执着,朝政之中勤政守职的人也日益增多,明朝的局面也大有改观。

### (三) 意志坚定

人生不会总是一帆风顺,往往会遇到种种挫折。只有意志坚定,秉持永不放弃的信念,才能最终获得成功。意志坚定会带给人一种不可思议的力量,让你战胜挫折与困难。成功与失败就在一念之间,很多时候我们距离成功并不遥远。越王勾践,卧薪尝胆,受尽千辛万苦,历尽千锤百炼,为了实现心中的理想,他成功的背后付出了多少艰辛。坚定的意志激励人们无论遇到什么困难挫折,都驱使自己能够一直坚持下来,到达胜利的彼岸。

张居正在特定的历史环境中,形成了自己顽强的意志,是其官德思想体系中的重要内容。无论是先前蛰伏翰林院还是后来高居首辅之位而大力改革,这一切事业上的成功都与其坚定意志的官德思想息息相关。张居正为了实现自己的目标,有意识地对自己的行为方式进行调节,支配随意性的活动,克服各种不利因素的影响,以实现既定目标。"深沉机警,多智数……依然有独任之志。"[3] 这是以谈迁为代表的明代史学家们对张居正的共识。张居正勇往直前,顽强奋进的意志力是其性格中的特点,因此他不惧怕困难,秉持着坚韧、勇敢的信念,顶住了无数次的风吹浪打。

张居正意志坚定具体表现在他改革之中,无论碰到何种艰难险阻,张居正都勇往直前,坚定不移地坚持下去。面对明朝国运衰败的局面,他抱定明朝急需改革才能重获一线生机的想法,张居正坚定地认为:"大丈夫既以身许国家,许知己,惟鞠躬尽瘁而已,他复何言。"[4] 既然选择了从政这条道路,就早已将自己奉献给了国家,就应当竭尽全力地为国效力。其实早在张居正十三岁时,他就为自己今后的道路奠定了基调:"绿野潇湘外,疏林玉露寒。凤毛丛劲节,直上尽头杆。"[5] 张居正从来就是一个饱受争议的历史人物,人们对他诟病颇多,即使是官至首辅,功勋卓越,反对之声也仍然此起彼伏,但他自己却从不理会这些。张居正有着勇于改革、不惧

[1] 张居正 . 考满谢手敕赐赉疏 [M]// 张居正全集 . 武汉: 崇文书局, 2022.
[2] 张居正 . 答河道潘印川 [M]// 张居正全集 . 武汉: 崇文书局, 2022.
[3] 谈迁 . 国榷 [M]. 上海: 中华书局, 1958.
[4] 张居正 . 答上师相徐存斋之一 [M]// 张居正全集 . 武汉: 崇文书局, 2022.
[5] 张居正 . 题竹 [M]// 张居正全集 . 武汉: 崇文书局, 2022.

人言的魄力与勇气，他深知推行改革需要的不仅仅是勇气，更要有坚持不懈的毅力，为了推行改革，他早已将生死置之度外，作为一名当朝官员，饱读诗书几十年，"义当直道正言，期上不负天子，下不负所学，遑恤其他"[1]。

面对自己遭受的种种非议，张居正一直坦然面对。他认为："利于公者，必不利于私。怨讟之兴，理所必有。"[2] 以此来鼓励执行改革事务的官员不必惧怕部分贵族的强烈反对。改革从国家利益出发，这是最大的"公"，而由于损害了一小部分"私"，即贵族们的利益，他们势必会强烈反对，这一切都不足为惧。只要秉公执法，努力工作，何必理会他人的攻击与诽谤。张居正抱着"吾但欲安国家，定社稷耳，怨仇何足恤乎"[3] 的坚定信念，将流言蜚语置之度外，凡是有利于改革的事情，他坚决支持。万历六年，张居正改革已进入高潮，反对派的抗争也更加猖獗。户部员外郎王用汲利用张居正回乡葬父的时机，借弹劾左都御史陈炌，攻击张居正独断专权，批判那些拥护改革的官员阿附于张居正，妄图打压张居正及改革派。张居正给予了强有力的回击，揭露了王用汲等人颠倒是非、散布谣言的阴险手段，有理有据地阐明了这些人的险恶目的就是破坏改革的成果。王用汲直接抨击张居正专权，上疏表示："皇上当独揽乾纲，不宜委政于众所阿附之元辅。"[4] 张居正说道："夫国之安危，在于所任，今但当论辅臣之贤不贤耳。使以臣为不贤耶，则当亟赐罢黜，别求贤者而任之。如以臣为贤也，皇上以一身居于九重之上，视听翼为，不能独运，不委之于臣而谁委耶？先帝临终，亲执臣手，以皇上见托，今日之事，臣不以天下之重自任，而谁任耶？"[5] 在他看来，自己是受先帝所托而担任首辅一职，就应该担起天下的重任。皇上不可能每件事情都来亲自办理，因此国事交由首辅办理是理所应当的。

总而言之，张居正意志坚定的特性，体现的是他对国家、社稷利益的考量，所以张居正鞠躬尽瘁无怨无悔。

### （四）廉洁

廉洁是为官最基本的职业道德之一，历来受到人们的重视。不受曰廉，不污曰洁。所谓廉洁，就是不接受不义之财，以堂堂正正光明磊落的态度做人。正所谓君子爱财，取之有道，用之有度。时刻保持廉洁的作风既是做官的基本规范，又是每一位官员的基本素质，更是官德的核心之义。"无处而馈之，是货之也。焉有君子

[1] 张居正 . 答奉常罗月岩 [M]// 张居正全集 . 武汉：崇文书局，2022.
[2] 张居正 . 答河槽按院林云源言为事任怨 [M]// 张居正全集 . 武汉：崇文书局，2022.
[3] 张居正 . 答奉常陆五台论治体用刚 [M]// 张居正全集 . 武汉：崇文书局，2022.
[4] 张居正 . 乞鉴别忠邪以定国是疏 [M]// 张居正全集 . 武汉：崇文书局，2022.
[5] 张居正 . 乞鉴别忠邪以定国是疏 [M]// 张居正全集 . 武汉：崇文书局，2022.

而可以货取乎？"说的就是说君子接受礼物应该合乎正当的理由，如果不符合这个标准，那就是接受了别人的贿赂，玷污了自己的名号，就不能称之为"君子"了。所以"临大利而不易其义，可谓廉矣，廉，故不以贵富而忘其辱"。而"贪"作为"廉"的反义词，历来被人深恶痛绝。"贪"就是以不正当的手段谋取不义之财，为饱吞私囊而不惜违背道德和法律。所以古人做官一再强调要注重恭敬和谨慎，立身行事贵在廉洁和清白，如果不是自己应得的俸禄赏赐，一毫也不从别人那里接受。廉洁之士称为"清官"，不廉之士称为"贪官"。"清官"与"贪官"不同的政治价值观，决定着官员们不同的人生走向。

任何一个为官者，都必须面对廉与贪的问题。相对于普通百姓，官员们有管理国家的权力，所以比其他人有更多的机会和可能去接触公共资源，也更容易产生以权谋私的现象。

张居正对朝廷官员腐败的现象有着深刻的认识，并对此深恶痛绝。张居正认为廉洁是为官之本，亦是官德之根本。在张居正的从政生涯中，他从不沽名钓誉，也不捞取不义之财。他在大力整顿吏治的过程中，特别强调为官的廉洁性。早在万历元年张居正改革之初，张居正就对明中叶以后的政治形势和社会危机作了明确的分析："明兴二百余年矣。人乐于因循，事趋于苦窳。又近年以来，习尚尤靡。致使是非毁誉，纷纷无所归咎。牛骥以并驾而俱疲，工拙以混吹而莫辨。议论蜂兴，实绩罔效。所谓'怠则张而相之'之时也。"[1] 这样的官场氛围使得腐败之风盛行，官员们凭借自己的资历、特权不务正业、玩忽职守，国家利益早已抛在脑后。这些国家蛀虫所考虑的是通过各种手段为自己谋私利以及维护心腹之人的利益，如果官场继续呈现如此腐败的境况，那么就离自取灭亡不远了。

张居正官至首辅，位高权重的他自然是那些不正之风官员们贿赂的对象，他们利用各种机会想尽办法讨好张居正，但张居正本人对此非常厌恶。那时候荆州是朝廷重要的税关之一，每年朝廷官员都会来到荆州征税。张居正的家乡是荆州，所以朝廷负责征税的水部官员金省吾借向张居正汇报征税情况的机会给张居正送礼，张居正不仅退回了其所送物品，还在写给金省吾的信中婉言劝他廉洁从政："厚惠不敢当，附使归璧，外小录奉览，诸惟鉴存。"[2]

张居正提倡廉洁奉公并从根本上寻找腐败的内在原因。他认为法治不严是明朝腐败的根本原因，反贪首先要惩贪。虽然古人受儒家思想的影响，并不主张使用刑

---

[1] 张居正. 与李太仆渐庵论治体 [M]// 张居正全集. 武汉：崇文书局，2022.
[2] 张居正. 答荆关水部金省吾 [M]// 张居正全集. 武汉：崇文书局，2022.

罚治理国家，但遇到贪污腐败的现象也要用严格的手段惩罚贪污官员，以安民心。但当时宽松的奖惩机制，使得贿赂成风，腐败横行，廉洁自然无从谈起。在写给三边总督郜文川的信中，他说："往年钻刺之风，殆将复作，借重一戒谕之。今朝廷圣明，功罪赏罚，一秉至公，营求打点，皆为无用。惟竭忠尽力，以图报称可也。"[1] 表面上张居正口口称赞"功罪赏罚，一秉至公"，但现实状况却是长久以来的吏治不清，执法不严。而信中表达出的核心观点就是张居正要郜文川对陈总兵送礼贿赂的行为加以严惩。

张居正还认为，要彻底杜绝腐败，官员还需要加强自身道德修养，主动约束行为，不放纵贪欲。腐败的源头就是人对欲望的纵容。而人对于欲望的控制恰当与否，在很大程度上决定了个人道德品质的高低。一直以来，廉洁都是为官从政者的美德，也是考察官员政绩的标准。通过法的约束而产生的廉洁，是低层次的、勉强而为之的廉洁，这种廉洁更多的是官员害怕自己受到法的制裁，为保全切身利益，从而不敢腐败，因此这样的廉洁是被动产生的。而最高层次的廉洁是官员清晰地知道公私之分和自己的责任与义务，自觉将克己为公作为道德规范而内化于心，这种不带任何勉强的廉洁，才会真正让官员主动将至公无私作为自己为官的前提，控制欲望，时刻约束自己的行为，将为官之本放在江山社稷之上。

如何做到廉洁，张居正主张依靠外在法与内在道德修养两方面的共同作用，这是对古代始终强调德治高于法治，强调德治而忽略法治的重大突破。只有外在的戒贪与内在的倡廉共同作用，才能真正起到树立官场廉洁之风的作用。

正所谓正人先正己，做事先做人。因此，严于律己是张居正廉洁思想的重中之重。张居正深知"为政必贵身先"[2]，作为官员，只有带头廉洁奉公，以身作则，才能行之有效地树立廉洁榜样。张居正严格界定公私之分，将自己的责任与义务内化为心中自觉的道德要求。这种不带任何勉强的自然心理活动具有高度的自觉性。当年湖北巡按多次向张居正馈赠礼物，均被张居正拒绝，他说："舍弟辈以夙有省戒，不敢承领……已即返诸来使。前屡承嘉惠，俱未敢当，不图执事之终不见谅也。"[3] 张居正对阿谀奉承的官场习气嗤之以鼻，他认为："万望俯谅鄙衷，亟停前命，俾仆无恶于乡人，无累于清议，则百朋不为重，广厦不为安也。"[4] 而官场上的腐败贿赂之风猖獗到有的官员直接把贿赂送到了荆州张居正的老家。对此张居正断然拒绝，

---

[1] 张居正. 答三边总督郜文川 [M]// 张居正全集. 武汉：崇文书局，2022.
[2] 张居正. 答应天巡抚宋阳山 [M]// 张居正全集. 武汉：崇文书局，2022.
[3] 张居正. 答向台长 [M]// 张居正全集. 武汉：崇文书局，2022.
[4] 张居正. 答楚中抚台辞建第助工 [M]// 张居正全集. 武汉：崇文书局，2022.

他说："但仆于交际之礼，久已旷废，往来公差，人所亲见。又严饬族人子弟，毋敢轻受馈遗。"[1] 由此可以看出张居正不收贿赂，刚正不阿的廉洁态度。刚担任首辅时的张居正就写下："愿以深心奉尘刹，不于自身求利益"，[2] 来监督自己时刻廉洁奉公。

张居正不仅自己廉洁奉公，而且对家属也严格要求。张居正的儿子回荆州应试，他告诫儿子自己雇车，切不可使用驿站。万历八年（1580 年），张居正的弟弟张居敬去世，送回乡安葬，保定巡抚张浒东例外发给"勘合"，送到张居正府上，张居正立即交还，表示应该严格执行整顿驿站的条例并附信说："此后望俯谅鄙愚，家人往来，有妄意干泽者，即为擒治。"[3] 张居正严格约束家人，告诉执法的官员们即使是自己的家人违法，一样也要进行查处，不能满足家人的非分要求。

张居正更进一步指出，要惩治贪污倡导廉洁之风事实上很难做到，负责监督的人监督不严，朝廷各类费用名目庞杂很难厘清，这已是嘉靖隆庆时期积习之弊，各地情况也大体相同，但并不能以此作为自己腐败的借口。正所谓出淤泥而不染，濯清涟而不妖，他勉励刘凝斋："早夜检点，惟以正己格物之道有所未尽是惧，亦望公俯同此心，坚持雅操，积诚以动之。"[4]

## 二、官德品格的养成

张居正官德思想来源于平日的实践活动，而他官德品格的养成也有赖于一生为国为民的实践。可以把张居正官德品格的养成过程概括为三个方面：立志、好学、见贤思齐。其中，立志是张居正改革事业的起步，是其进行官德修养的必要前提和坚实基础；好学是张居正改革事业的根本保障，是官德品格养成的理论来源和支撑；见贤思齐是张居正改革事业的立身之本，是官德品格养成的核心。

### （一）立志

人生而有欲，与其他生物不同的是人类不仅仅只是满足生存的存在者，还是谋求生存得更好的存在者。人不满足于现状，他们一代一代开拓创新努力拼搏，向着更加美好的明天不断奋进。这种对于未来的美好期盼就是志向。志向是人生价值的

[1] 张居正.答总宪刘紫山 [M]// 张居正全集.武汉：崇文书局，2022.
[2] 张居正.答李中溪有道尊师 [M]// 张居正全集.武汉：崇文书局，2022.
[3] 张居正.答保定巡抚张浒东 [M]// 张居正全集.武汉：崇文书局，2022.
[4] 张居正.答两广刘凝斋论严取与 [M]// 张居正全集.武汉：崇文书局，2022.

根本出发点，立足于现实向往将来会让人拥有更加美好的人生。张居正深受家人的影响，肩负着家族复兴的使命，从小便坚定志向，身体力行率先垂范，不断朝着改变家族命运的方向奋进。

张居正于嘉靖四年（1525年）五月初三出生在湖北江陵（今荆州市）一个世袭的军人之家。从其曾祖父开始，张家便沦为了军中最底层人群，虽有军籍但却要自己苦苦自谋生路，因此生活十分艰难。而到了祖父的时候，艰难的生活依旧没有改变，最好的时候也仅仅只够温饱。在这样一个"十年窗下无人问，一举成名天下知"的年代，森严的身份等级制度让处于社会底层的人们往往通过走科举道路的办法来改变自己的社会地位，从而换来荣华富贵。在"万般皆下品，唯有读书高"的社会氛围中，无数贫寒学士渴望通过科举考试实现自己安邦定国的政治梦想。因此贫寒的张家十分渴望能有一名子弟读书登科，从而改变张家的社会地位，怀着考取功名的志向，从张居正叔祖父张钺开始就一直在努力。然而事与愿违，叔祖父张钺苦读一生也只是府庠生。而张居正的父亲张文明虽考中秀才，但连考七次乡试全都名落孙山，只是不第秀才。矢志不渝的张文明将考取功名的希望全部寄托在了后人身上，他勉励张居正说："吾平生志愿未遂，望吾儿树立，以显吾祖。"[1] 于是张居正就在这样一个有着一定文化传统的家中慢慢长大。至此复兴家族的使命就落在了张居正肩上，而他也怀揣着考取功名的志向不断前进。

据说张居正出生前其曾祖父曾梦见一只白龟从水中慢慢浮起，于是信口给他取乳名为"白圭"。自幼聪慧的张白圭被乡人称为"神童"。张白圭也不负众望，五岁便进入私塾读书，十岁就能熟读经书，十二岁便考中秀才。荆州知府李士翱非常喜爱年幼聪明的张白圭，替其改名为"居正"，嘱咐他要从小立大志，长大后尽忠报国。此时年少有为的张居正也深得应天巡抚顾璘的赏识。顾璘还亲自解下自己的犀带赠与张居正并预言其日后必成大器。嘉靖十六年（1537年），十二岁的张居正参加乡试并一举考中，应天巡抚顾璘为了张居正能多经受一些磨炼，假以时日能成为国家之栋梁，故意使张居正落榜。

明代著名哲学家王阳明曾说："夫学，莫先于立志。志之不立，犹不种其根而徒事培壅灌溉，劳苦无成矣。世之所以因循苟且，随俗习非，而卒归于污下者，凡以志之弗立也。"[2] 人生价值就是在为志向不断艰苦奋斗的过程中实现的。出身贫寒地位低下的张居正深知立志乃为学、为人之本，唯有苦志力行，发奋苦读才能改变

[1] 张居正. 先考观澜公行略 [M]// 张居正全集. 武汉：崇文书局，2022.
[2] 王守仁. 示弟立志说 [M]// 王阳明全集. 上海：上海古籍出版社，1992.

命运，于是沉寂多年后的张居正再度赴考并成功中举，时年十六岁，成为当时最年轻的举人。正所谓志存高远，只有立志才能卓然挺出于流俗之中，不至于随波逐流，碌碌无为。然而自以为才华横溢日后会一帆风顺的张居正却在十九岁时落榜京试。这次失败及时给张居正敲响了一记警钟，让他能够清醒地正视自己的不足。经过这次打击后的张居正更加奋发图强，终于在二十三岁时考中进士，改选庶吉士并进入翰林院，由此踏入政坛。

张居正认为立志对个人的成长十分重要，天下之事难在"立志"，一旦坚定了志向，事业就会取得成功。而为官"立志"也是衡量官员是否称职的重要标准。

首先，张居正认为立志为成功指引方向。"立志"为人生道路树立了科学的世界观、人生观和价值观，指引人们坚定崇高的理想信念，积极实现人生奋斗目标。这种精神力量充分发挥了自己的主观能动性，让努力奋斗变成了一种自觉的情感诉求，继而促进自己不断完善自身，最终实现理想取得成功。张居正在《送黄将军》中抒发了"男儿所志在四方，何用碌碌困泥滓"[1]的宏大志向。这是隆庆元年刚入阁时候张居正心境的表达，立志实现抱负的张居正经过多年的努力事业已渐入佳境，官场事务处理得游刃有余。他怀着坚定的理想，"夙夜念之，若为称塞，惟当坚平生硁硁之节，竭一念缕缕之忠，期不愧于名教，不负于知己耳"。[2]正如前文论述，张居正具有勤政守职、意志坚定等特点，这都是立志后有了明确的前进方向所产生的。当宜都知县许印峰受人诬告，满心委屈时，张居正勉励其"益坚雅操，以需大用"[3]，希望许印峰坚定志向，不要被暂时的困难所打倒。

其次，张居正认为立志还要矢志不渝。众所周知，志向的实现并不是一蹴而就、一帆风顺的，往往会遭遇波澜和坎坷。"立志"虽然确定了目标，但其中的曲折性也会随之而来。在实现志向的过程中，不可能一帆风顺，要充分认识其中的长期性、艰苦性和曲折性，要有任重而道远的使命感，不断经受各种考验，以坚韧的意志时刻鞭策自己，发扬弘毅之品格。所以一旦"立志"，就要做到矢志不渝，直到最终实现自己的人生志向和目标。早年进入翰林院想干一番大事业的张居正很快就发现现实远非自己所想象的那样。当时严嵩独得嘉靖皇帝恩宠，他依仗皇帝的权威作威作福，朝廷纲纪混乱。许多官员趁机巴结严嵩，整个官场乌烟瘴气。那时候但凡反对严嵩的官员无不落得下狱、致仕、流放等厄运。张居正不愿同流合污，竭力操劳国事并上疏《论时政疏》痛砭时弊，但这样的努力到头来都只是徒劳。张居正感慨："我

---

[1] 张居正.送黄将军 [M]// 张居正全集.武汉：崇文书局，2022.
[2] 张居正.答中丞洪芳州 [M]// 张居正全集.武汉：崇文书局，2022.
[3] 张居正.答宜都知县许印峰 [M]// 张居正全集.武汉：崇文书局，2022.

志在虚寂，苟得非所求。虽居一世间，脱若云烟浮。"[1] 所以失落的他决定请假还乡修养，企图暂时逃避混乱的官场。在家乡修养几年的时间里，张居正并不只是游山玩水，更多的时候在苦读诗书，研究国家之典务，走进农间地头亲力亲为地感受农民的疾苦，这也为后来的"民本"思想奠定了基础。

张居正的儿子张敬修在《太师张文忠公行实》中回忆那段往事时说："三十三年甲寅，遂上疏请告。既得请归，则卜筑小湖山中，课家僮，锸土编茅，筑一室，仅三五椽，种竹半亩，养一瘸鹤，终日闭关不启，人无所得望见，唯令童子数人，事洒归煮茶洗药。有时读书，或栖神胎息，内视返观。久之，既神气日益壮，遂下帷，益博极载籍，贯穿百氏，究心当世之务。盖徒以为儒者当如是，其心固谓与泉石益宜，翛然无当世意矣。"[2] 所以当鞑靼部落多次突破明朝防线，骚扰内地稳定的时候，张居正根据所处的荆州之地理位置及重要性，提出："夫财不足则争，信不足则伪，大奸之所资也。何以守险？"[3] 张居正将边防守卫接连失守的原因归结为人民生活的艰苦，这也为日后改革提供了有力的理论依据，同时反映出了张居正虽暂离朝政但仍心系国家的矢志不渝的精神。

同时，张居正也将自己的"立志"传递给了自己的儿子。万历五年，张居正的三子张懋修乡试未，其自暴自弃的态度让张居正大为恼火。他告诉儿子自己当年年少登科，受到人们的夸赞，以为自己了不起，与一般人不同，自己觉得考中科举十分容易便没有继续努力学习，结果最后科举落第，所以痛定思痛，重新开始努力学习才成为今天的样子，而现在儿子乡试未中就放弃了努力，难道失败一次就注定成功不了吗？他告诫儿子："毋甘自弃。假令才质驽下，分不可强；乃才可为而不为，谁之咎与？己则乖谬，而徒诿之命耶？惑之甚矣！"[4]

### （二）好学

"好学"是中华优秀传统。强调道德修养和道德教化的先哲们，一直都将"好学"作为道德修养条目的核心内容，并不断积极践行，力图通过"好学"提升道德修养。儒家把"尊德性"与"道问学"归纳为人生道德修养的重要方法，并指出学习不仅仅是学习文化、智慧，还要修身、修己、立德。《论语》开宗明义就说："学而时习之，不亦说乎？"[5]《中庸》记载："苟不至德，至道不凝焉。故君子尊德性而道问学，致

[1] 张居正. 适志吟 [M]// 张居正全集. 武汉：崇文书局，2022.
[2] 张居正. 张文忠公行实 [M]// 张居正全集. 武汉：崇文书局，2022.
[3] 张居正. 荆门州题名记 [M]// 张居正全集. 武汉：崇文书局，2022.
[4] 张居正. 示季子懋修 [M]// 张居正全集. 武汉：崇文书局，2022.
[5] 论语 [M]. 合肥：安徽人民出版社，2001.

广大而尽精微，极高明而道中庸。"强调的就是既要重视先验的德性，也要致力于勤奋学习。《大学》有云："古之欲明明德于天下者，先治其国；欲治其国者，先齐其家；欲齐其家者，先修其身；欲修其身者，先正其心；欲正其心者，先诚其意；欲诚其意者，先致其知，致知在格物。"强调多加学习才能格物致知。朱熹在《近思录》中说道："学者本是修德，有德然后有言。退之却倒学了，因学文日求所未至，遂至有得。"[1]旨在强调学习本身就是修养德性，有了好的德性才会立言。张居正将好学作为学者的先务，认为只有好学才能获得儒家入道之门和核心之基。儒家提倡"不学礼，无以立"，所以学习必须要认真学文、学礼、学诗，还要学乐。整个学习的过程就是修身立德的过程。

嘉靖三十三年张居正请假回乡修养。针对这件事情，很多学者认为是张居正有感时运不济，不受重用，因此心灰意冷想暂时逃离官场。韦庆远认为："所有这些，并不是像他这样有志经世的年轻人所易于理解的。要改变现状，却存在着极大的困难。一种理想落空的失望和惶恐，确曾使居正产生过严重的沮丧。"[2]陈生玺认为："在官场上他还无法崭露头角，又加上身体比较孱弱，便于嘉靖三十三年（1554年）告假还乡。"[3]刘志琴认为："已经心灰意冷，因此萌生不如归去、悠游田园的想法。"[4]在《张居正评传》中，陈翊林认为张居正是"以一个少登科第，自负不凡的文忠，在翰林院居了七年还不能有所作为，故发生'用愿谢尘累，闲居养营魂'的思想，又苦于疾病，更不得不归田"。[5]

其实张居正告假回乡最重要的原因是他自觉所学不够，要回家继续学习，只有通过学习，不断提升自己的理论水平，才能为日后的发展打下坚实的基础。早年对于张居正告假还乡的原因有一段记载："昔江陵为翰编时，逢盐司、关司、屯马司、按察司还朝，即携一酒一榼，强投外教，密询利害扼塞。归寓以后，篝灯细书，其精意如此。"[6]说明了刚进入翰林院的张居正深知自己还有很多不足，文化理论水平还需要提升，所以勤奋好学，抓住一切可能得到的资料进行学习，从而了解国家状况，然后将资料分门别类进行思考，为日后改革打下有力基础。《论语》记录子夏的著名论断："仕而优则学，学而优则仕。"《千字文》说："学优登仕，摄职从政。"意思大概就是读好了书，学习好了就能做官，做官后就能行使职权参加国政，这是很长

---

[1] 朱熹，吕祖谦.圣贤气象 [M]// 朱子近思录.上海：上海古籍出版社，1999.
[2] 韦庆远.暮日耀光：张居正与明代中后期政局 [M].南京：江苏凤凰文艺出版社，2017.
[3] 陈生玺.帝国暮色：张居正与万历新政 [M].杭州：浙江古籍出版社，2012.
[4] 刘志琴.张居正评传 [M].南京：南京大学出版社，2006.
[5] 陈翊林.张居正评传 [M].上海：中华书局，1934.
[6] 韦庆远.暮日耀光：张居正与明代中后期政局 [M].南京：江苏凤凰文艺出版社，2017.

一段时间对"学而优则仕"的误读。起初张居正苦读寒窗只为一朝能够考取功名走向仕途之路，所以饱读儒家经典的他自然而然地进入了翰林院任职。刚进入翰林院，张居正有着拳拳抱负，研究国家各类文书中的方针政策，试图找到济世经邦之要。

前面谈到《千字文》中"学优登仕，摄职从政"的论断，这是对子夏"学而优则仕"思想的继承，但这句话忽略了子夏所言的"仕而优则学"这半句话，因此子夏这句话的完整意思其实是学习之余还有余力或者闲暇，就去做官，因为搞好学习本身，才是学习的真正意义，当有余力了，才可以进一步考虑出仕。所以张居正还乡修养最重要的原因其实是自觉理论水平还远远不够，需要沉下心来继续学习，先学习那些经典的经书，而后再研究国家之典务，最后才能学以致用。张居正回乡后，在学术方向上有了巨大的转变，后人称他"外儒内法"是对他学术观点转变的客观评价。张居正刚进翰林院时所写的《宜都县重修儒学记》中还强调了"道民之术"在于学术教化而非法令政刑的儒家路线："夫法令政刑，世之所恃以为治者也。言道德礼义，则见以为希阔而难用。然要其本，则礼禁未然之前，法施已然之后。法之为用易见，而礼之为教难知。故古之王者，立大学以教于国，设庠序以化于邑。皆所以整齐人道，敦礼义而风元元者也。今议者不深惟其本始，骛为一切之制，以愉快于一时。夫教化不行，礼义不立，至于礼乐不兴，刑罚不中，民将无所措其手足。当此之时，虽有严令繁刑，只益乱耳。乌能救斯败乎？由此观之，道民之术在彼不在此也。"[1] 但身处翰林院的张居正在看到官场种种混乱局面后，认为现实与自己心中所想大相径庭，如果按照传统的儒家思想根本不能从源头解决问题，因此必须另寻出路，所以他找来了"法家"。后人批评张居正"法家"思想的局限性，将其最后的人生悲剧归结于此。也有人说他"矫枉过正"，从一个极端走向了另一个极端。这些争议实际忽略了张居正在改革中吸纳了丰富的理论来源，才能取各家之所长，指导全方位的改革实践活动。因此张居正在重返仕途后，学术思想有了巨大的转变。从张居正编著的《四书直解》中对"仕而优则学，学而优则仕"这句话的解释就明显可以看出他此前还乡修养的真实原因。张居正认为"优"是有余力的意思："未仕而为学者，当朝夕黾勉，先进其务学之事，待涵养纯熟，有余力之时，却不可虚负了所学，必须出仕从政，以致君泽民，行道济时。"[2] 这体现出张居正认为只有饱读各类经典之后才能出仕的观点。而在张居正还乡修养后，他涉猎各家之经典，不仅贯通儒家经典，道家、法家、禅学等其他不同学派的经典他也烂熟于心。他的各类作品之中明

---

[1] 张居正. 宜都县重修儒学记 [M]// 张居正全集. 武汉: 崇文书局, 2022.
[2] 张居正. 论语 [M]// 四书直解. 北京: 九州出版社, 2010.

显可以看到除了儒家思想之外，还多了道家、法家等不同学派的思想。《题竹林旧隐卷》中借友人之口体现出对庄子的推崇，"吾闻君子乐其所生，而有情之物，思不忘本，故楚客越吟，庄生爱似，其致一也。"[1] 而《赠水部周汉浦榷竣还朝序》中"厚商而利农"[2] 的思想正是法家学派的核心思想。而在《答李中溪有道尊师》一文中，张居正借《华严经》表达了自己要大干一番事业的决心，体现了自己的禅学思想："正少而学道，每怀出世之想，中为时所羁绁，遂料理人间事。前年冬，偶阅《华严》悲智偈，忽觉有省，即时发一弘愿：愿以深心奉尘刹，不于自身求利益。去年，当主少国疑之时，以藐然之躯，横当天下之变，比时唯知辨此深心，不复计身为己有。幸而念成缘熟，上格下孚，宫府穆清，内外宁谧。"[3]

综合来看，张居正伦理思想的基础主要汇集了儒、法两家之所长，而在具体实践中又偏重于法家思想。张居正这种博学多识的特点正是他"好学"的表现。

### （三）见贤思齐

见贤思齐是张居正改革事业的立身之本，是其官德品格养成的核心。在张居正看来，见贤思齐不仅可以提升自身修养，更为关键的是还可以广交朋友，为改革积蓄人力，从而共谋改革大计。

《论语》有云："见贤思齐焉，见不贤而内自省也。"意思就是见到贤人，就应该向其学习，而碰到不贤的人，就要反思自己有没有和他犯过一样的错误。这种勤勤恳恳，三省吾身，不断追求自我完善的过程，有着宗教性私德的自我修养之义。虽然并不要求每个人都能够做到，但追求自我完善的过程却具有规范和导向的作用。这种导向作用会激励人们形成目标，而后形成思维定式，最后指导实践活动。那么如何找到起示范引领作用的目标？孔子认为："三人行，必有我师焉，择其善者而从之，其不善者而改之。"每个人身上都有优点，积极发掘身边人的优点并加以学习，这样才能提升自己。这种谦虚好学的品质是人们进步的重要渠道，引导人们除了苦读那些圣贤之书外，还要向优于自己的人学习。优于自己的人除了圣贤之人外还有普通人。如果仔细观察这些普通人，同样可以找到他们身上"贤"的品质，所以即使是普通人也同样值得自己学习。当然大可不必迂腐地纠结为什么是三个人。两个人其实也可以。当然四个人五个人也都是可以的。孔子的本意就是向优于自己的人学习。后来荀子进一步提出："学莫便乎近其人，学之经莫速乎好其人。"如果找到

[1] 张居正. 题竹林旧隐卷 [M]// 张居正全集. 武汉: 崇文书局，2022.
[2] 张居正. 赠水部周汉浦榷竣还朝序 [M]// 张居正全集. 武汉: 崇文书局，2022.
[3] 张居正. 答李中溪有道尊师 [M]// 张居正全集. 武汉: 崇文书局，2022.

了贤人，人们就会自发地尊敬他，喜欢他，乐意向他学习，这种自发性就是人们"择善而从之"的本能。王阳明也提出："故凡有志之士，必求助于师友。无师友之助者，志之弗立弗求者也。"[1] 旨在强调多多向别人学习的重要性。

人都有趋利避害的自然本性，所以为了求"仁"，儒家精心打造了各种正面形象，诸如圣人、仁者、善人、君子之类。"中华文明之道，其早期主导思想就是尧舜之道、文武之道。尧舜禹汤文武周公这些古代圣贤，他们内圣外王，有感召力，思想境界高，同时又有辉煌事功。而后有孔子孟子与后儒加以继承发扬，确立了中华民族的核心价值和基本道德规范。"[2] 除此之外还有优于自己的普通人，这种打造"榜样模式"的方式让人们找到了自我完善的方向，通过不断向优于自己的人学习来提升自己，从而激励每个人克己修身，以身作则，上行下效，最后达到见贤思齐的效果。虽然从实际效果来看有局限性，并与当时的时代特性也有些脱节，但作为一种自发的道德修养方式还是有着积极作用的。因此张居正本人十分赞成"见贤思齐"。在《四书直解》中他明确表示："夫见贤思齐，则日进于高明，见不贤内省，则不流于污下，此君子之所以成其德也。"[3]

对于圣贤引导示范的作用，张居正本人也十分推崇。张居正见贤思齐的观点就是将圣贤作为自己安身立命的重要标准。在《答南学院周乾明》中，张居正引用了《尚书·尧典》中的经典语句："敬敷五教在宽。所谓宽者，殆以人之才质，有昏明强弱之不同，须涵育熏陶，从容引接，使贤者俯而就焉，不肖者企而及焉，如是而已。"[4] 这是记录圣贤舜宽厚思想的重要内容，张居正以此表达对圣贤的尊崇。张居正仰慕圣贤，当年回乡修养的时候，针对倭寇猖獗但嘉靖皇帝还在不停斋戒祷告的现状，借对魏晋时期"竹林七贤"的称赞，表达了自己沉痛的心情："余读《晋史》七贤传，慨然想见其为人，常叹以为微妙之士，贵乎自我，履素之轨，无取同涂。"[5] 张居正这样称颂七贤，赞颂他们不随波逐流，以此来表达自己怀才不遇，苦闷寂寞时的无奈之感。张居正明白，从圣贤到君子再到众人，每个人都要向更高境界的人学习，努力提升自己。这种努力提升自己的过程，应是人的本性需要，最终会转化为内心的道德自觉性，而不需要任何的外在强制。

张居正认为见贤思齐可以让自己结交大量可靠的朋友，然后一起干一番大事业。作为改革发起人的张居正，学习圣贤、君子等"榜样"努力提升自己的修为后，接

[1] 王守仁.别三子序[M]// 王阳明全集.上海：上海古籍出版社，1992.
[2] 牟钟鉴.见贤思齐焉，见不贤而内省也[N].光明日报，2015-9-21（2）.
[3] 张居正.论语[M]// 四书直解.北京：九州出版社，2010.
[4] 张居正.答南学院周乾明[M]// 张居正全集.武汉：崇文书局，2022.
[5] 张居正.七贤吟[M]// 张居正全集.武汉：崇文书局，2022.

下来的政事应该怎么处理呢？改革如何具体实施呢？天下之事，岂一人能够解决？张居正不可能面面俱到，他需要有一群志同道合的朋友和自己一起实施具体的改革。这里所指的朋友绝不是利益交换前提下的那种"朋友"，而是志趣相投、英雄所见略同，彼此之间可以相知相交、产生交情的"真朋友"。张居正看到了他们每一个人身上的优点，即使是当年的奸臣严嵩以及自己的政敌高拱，只要别人对自己有恩，他都知恩图报，尽可能地行朋友之道。他真心地广交各方人士，从他们身上吸取优点，以救天下为己任，与朋友们一起并肩改革，一同行士大夫之责，为社稷苍生鞠躬尽瘁死而后已。

《论语》有云："可与共学，未可与适道；可与适道，未可与立；可与立，未可与权。"归纳出了交朋友的四层境界，即共学、适道、立、权。张居正的交友之道以及后来的用人之道有很多都体现在了"立"这个层次上。"立"指的是可以共事的朋友，志同道合，携手共进，或彼此需要，相互扶持，成就一番事业。所以切莫把"立"与"利"混为一谈。隆庆三年，还不是首辅只能暂时蛰伏官场的张居正勉励朋友罗月岩切莫放弃志向，及早就任新职："骅骝属路，从此皆康庄矣。愿早戒行，以慰鄙望。"[1] 而后又写信给太史吴后庵，以当年仕途不顺心中苦闷不堪的切身感受安慰勉励他重振旗鼓："念昔与公投分非浅，中更离隔，可为怅叹……能使其事业不显于当时，而不能使其文章不传于后世。其所能者，则既能无可奈何矣；其所不能者，则愿公勉焉。"[2] 在《答闽中宪使李义河》中张居正说："愿丈急乘之，毋怠。又喜荣转近关，旦夕且将有大界焉。"[3] 劝李义河出山任职，共同进取，共同改革。嘉隆两朝的种种弊政，仗义执言的良臣无不落得悲惨下场，那些不愿同流合污的正义官员远离仕途，不愿再踏入官场。所以这个时候张居正力邀当年的一干正义官员复出，同时鼓励正在遭受排挤的良臣不要丧失斗志。这些张居正非常看重的朋友中，有很多都在张居正后来的改革进程之中发挥了重要作用。这些志同道合的朋友们，和张居正一起为挽救衰败的明朝作出了他们自己的努力，实现了他们自己的价值。

### 三、官德思想的根本指向

专制皇权社会的政治制度的最大特点就是权力者个体的政治意志可以制度化的

[1] 张居正. 与宪使罗月岩 [M]// 张居正全集. 武汉: 崇文书局, 2022.
[2] 张居正. 寄太史吴后庵 [M]// 张居正全集. 武汉: 崇文书局, 2022.
[3] 张居正. 答闽中宪使李义河 [M]// 张居正全集. 武汉: 崇文书局, 2022.

形式存在，并以个体意志代替国家意志，将国家变成自己实现个体政治欲求的工具系统，从而实现以个体意志为代表的政治统治。这种建立在古代血缘纽带基础上的政治观，似乎给予了"个体意志"一种天然的合理性。这种依靠严酷的封建等级秩序建立起来的政治制度，成为了一种自然而然的道德规范，是专制统治得以维系的重要原因。这种君主专制与集权制是专制皇权社会政治体系运转的前提，是国家治理活动中的首要规范。而这种制度最终也外化成为一种道德要求，让国家之中每个人都必须遵守。

专制皇权社会政治关系主要包括两个方面：其一，君主与国家、百姓之间的关系。封建时期，君主作为国家与皇权家族的核心掌握国家政权，国家政权的稳定与否很大程度取决于君主所代表的皇权统治家族是否稳定。其二，君主与臣的关系。封建制度要求臣忠心耿耿效忠君主，作为君主治理国家的帮手与执行者，臣的忠心与否事关国家安危。

儒家学说作为主要意识形态，其构建的严格的等级观念，对维护专制统治起到了举足轻重的作用。儒家名正言顺的君臣等级观，将维护君、臣的名分当作政治的根本，主张每个人按其名分各自履行自己的责任与义务，君是臣服务的对象，臣是君的下属，这种主次关系不可逾越。而也正是这个原因，明朝初期确实出现了一番繁荣景象，甚至还涌现出"永乐盛世"的美好盛景。

因此古代社会道德要求每一个为官者，首先要维护君主至高无上的地位，而后效忠君主，并且特别强调要将"忠"作为所要遵守的基本道德准则。"忠"作为道德体系中的重要范畴，强调君即是国家，忠君就是忠于国家，所以在君主与臣的关系问题上，要求臣忠心耿耿地效忠君主，作为君主治理国家的帮手与执行者，他们的忠心与否事关国家安危。

张居正对儒学耳濡目染，并且经历了嘉靖隆庆时期的混乱时局，有感于明朝初年的盛世局面，儒家主张的这种建立等级秩序而国家才能得到有效治理的观点对张居正产生了重要的影响。而儒家思想中的尊卑、贵贱的等级观念，以及要求臣竭尽全力对君尽忠的观点，也都被其所继承。张居正认为为官就是要维护和加强君主个人至高无上的权力，做到自己臣的本分，继而就践行了为官之德。所以张居正将维护君主至高无上的地位和忠于君主当作为官的根本所在和官德思想的根本指向。

## （一）君权至上

明朝之前，秦始皇创立的由宰相统领各部官员的中央集权制度，已在中国存在了一千多年。明太祖朱元璋建立明朝之初，仍然采用了之前元朝的政治制度，"这一制度，从中央来说，大部分权力掌握在宰相手中，地方上的行中书省总揽军政事务，权力也很大"。[1] 但朱元璋内心的真实想法是将幅员广阔的明朝，建设成为一个权力高度集中，运转自如的统治政权。他认为元朝灭亡的主要原因就是宰相权力过大，皇帝无法乾纲独断。因此他将"宰相"视为最大的威胁。"他不愿意做无所事事的傀儡皇帝，他要按照自己的意志来治理天下，这就必须加强皇权。"[2] 洪武九年（1376年），朱元璋进行了大刀阔斧的改革，改革后的明朝，政治上的集权达到了前所未有的高度，取消了中书省，废除了宰相，宰相的权力都收归皇帝所有，一切由皇帝独断，统一号令，从中央到地方军事、行政、监察大权的一揽子运作，凡天下事无论大小一切要听命于皇帝。因此，后人把明朝看作专制主义极度发展的一个王朝。而这种制度也确实让明朝初期出现了一番繁荣景象，出现了"永乐盛世"的美好盛景。但此后明朝却急转直下，国力日渐衰败，甚至有嘉靖皇帝三十年不上朝，只为在西苑炼丹修道的"奇景"。正因如此，张居正强调君权至上，树立皇帝的绝对权威，巩固皇权统治，加强中央集权，继而整顿官府，强化政府职能。

张居正认为："君、臣、父、子各尽其道，则治理由此而举，国家由此而治，乃人道之大经，政事之根本也。"[3] 做君主要像个做君主的样子，君主应该号令天下，统管全国。而臣要有臣的样子，应该尽心辅佐君主治国理政。这种鲜明的等级思想来源于最早的"家国同构"思想。我们知道，专制皇权社会存在的基础是建立在"家国同构"思想之上的。"这种共同性，从根本上讲是源于氏族社会血缘纽带解体不充分而遗留下来的血亲关系对于人们社会关系的深刻影响。无论家与国，其组织系统和权力配置都是严格的家长制。"[4] 这样的结构使家庭、家族、国家在组织结构上具有共同性。这种依据礼制宗法建构起来的政治实体，使得家和国紧密相连。"社会赖以运转的轴心，是宗法原则指导下确立的以父子——君臣关系为人格化体现的伦理—政治系统。"[5] 而礼制宗法又经过改造由儒家人士形成了"三纲"思想，即君为臣纲、父为子纲、妻为夫纲，构成了中国纲常教义体系。"用伦理修养来沟通政治关系和家族关系，其内在原因，就在于家国同构。"[6] 这就从伦理上规定了君臣、父子、夫妇之间的尊卑主从。"一个家族要得以稳固地发展，父作为一家之主的权

[1] 南炳文，汤纲.明史[M].上海：上海人民出版社，2021.
[2] 南炳文，汤纲.明史[M].上海：上海人民出版社，2021.
[3] 张居正.论语[M]//四书直解.北京：九州出版社，2010.
[4] 冯天瑜，何晓明，周积明.中华文化史[M].上海：上海人民出版社，2005.
[5] 冯天瑜，何晓明，周积明.中华文化史[M].上海：上海人民出版社，2005.
[6] 李宗桂.中华文化概论[M].广州：中山大学出版社，1988.

威地位是具有某种天然的合理性的。父权的动摇必然会引起一定程度的家族动荡。因此，由家庭人伦关系推衍而来的社会伦理关系——君臣关系也同样具有尊卑主从的关系。"[1] 早在春秋时期《论语》就提出："君君、臣臣、父父、子子。公曰：'善哉！信如君不君，臣不臣，父不父，子不子，虽有粟，吾得而食诸？'"孔子认为春秋时候的社会动荡，是等级名分受到破坏导致的，只有恢复等级秩序国家才能得到有效治理。这种思想包含了尊卑、贵贱的等级观念，而且要求"君使臣以礼，臣事君以忠"。君主应该依礼待臣，反过来臣能事父母而竭其力，事君能致其身，与朋友交言而有信。臣要竭尽全力服侍君主，哪怕献出自己的生命。张居正十分赞成这种观点，他说："事君不可以不忠，但人都自爱其身，则其忠必不尽。若能实心任事，把自家的身子，委弃于君，虽烦剧也不辞，虽患难也不避，一心只是要忠君报国，而不肯求便其身图，则事君及其诚矣。"[2] 这段话出自张居正为万历皇帝编纂的《四书直解》，言语中直接流露出"尊君"的观点，而且特别强调了臣应该如何去尽心侍奉君主乃至献出自己的生命。这种名正言顺的君臣等级观，来源于早期孔子将维护君、臣的名分当作政治的根本，主张每个人按其名分各自履行自己的责任与义务。所以孔子认为君是臣服务的对象，臣是君的下属，这种主次关系不可逾越。

在中国漫长的古代社会中，治乱的循环和王朝的兴替频繁发生，这是统治集团不可回避的核心问题。所以要想维护国家政权的稳定，前提就是要让治下的臣民顺从，所以需要构建大家都认同的等级观念，并作为道德准则存在。

在皇权社会之中，君主既是家族的核心，同时又是整个国家的核心。明朝陷入动荡，最主要原因就是嘉靖、隆庆时期，皇帝怠政，人们不再对皇帝怀有敬畏之心，皇权黯淡，所以张居正认为首先要做的就是恢复皇帝的威严，重塑"君权至上"的道德观念，让人们面君心怀敬谨之心。张居正提出："振扬风纪，以佐皇上明作励精之始。"[3] 通过整顿风纪，"正人心，明学术，使人知尊君亲上之义"。[4] 张居正极力维护皇权统治，重塑保持社会稳定所必须遵循的"君权至上"这个最高道德准则，以此解决明朝的实际问题。

张居正提出"君权至上"伦理思想出于两个方面的考虑：

首先，维护皇权思想，重新树立皇帝的权威，从而改变当时明朝恶劣的环境。张居正"君权至上"的核心观点是："君主发号施令，大臣贯彻执行。"该观点来自

[1] 罗炽，白萍.中国伦理学 [M].武汉：湖北人民出版社，2002.
[2] 张居正.论语 [M]// 四书直解.北京：九州出版社，2010.
[3] 张居正.陈六事疏 [M]// 张居正全集.武汉：崇文书局，2022.
[4] 张居正.答南司成徐海岳 [M]// 张居正全集.武汉：崇文书局，2022.

隆庆二年张居正上疏的《陈六事疏》。奏疏开篇就指出："臣闻帝王之治天下,有大本,有急务;正心修身,建极以为臣民之表率者,图治之大本也。"[1] 意在强调君主是中央集权的核心,君主德行的好坏是能否治理好国家的关键。而奏疏随后在"重诏令"部分详细论述了"君权至上"的重要性:"臣闻君者,主令者也;臣者,行之之令而致之民者也。君不主令则无威,臣不行君之令而致之民则无法,斯大乱之道也。"[2] 君主作为法纪和诏令的象征,用威仪来体现自己的核心地位。但长达几十年的嘉隆时代,君主的"不作为"导致其丧失"权威",人们失去了对皇帝的敬畏。专制制度有严格的礼制规定,君主作为绝对权力的拥有者,决定着江山社稷的安危。"威仪,作为礼制的重要内容,它有一系列繁琐的规范,涵盖名号、器用、礼仪等诸多制度,是君权至上的象征和表现,历代统治者都以此来实践尊君卑臣,役使民众的君臣之义。"[3] 按照礼制的规定,举行朝贺、奉参这些大事时,大臣们的穿戴按照官品级别都有着严格的规定,包括跪拜行礼、作揖这些固有的程序,都是不能够怠慢和疏忽的,稍有不慎必有重罚,有的人为此被剥夺官职甚至入狱。但此时明朝的君主都不上朝,国事交由所谓"心腹"打理,久而久之大臣们连基本礼仪程序都已忘记,偶有朝参等重大活动时,服装也随意穿着,大堂之上居然交头接耳,谈笑风生,以往井然有序的场景荡然无存,大臣们全无敬畏之心,君主的威严早已不在。

所以必须重新恢复以往的礼制,从而树立君主的权威。在万历二年时,万历皇帝要引见贤能的官员并当面给予奖赏,张居正借此机会,在万历皇帝引见之前事先将典礼仪式进行了一番演练,把那些多年未曾遵守的礼仪制度又重新拾起。"伏乞钦定行礼日期,敕下礼部,略仿祖宗时御会极门午朝之仪,定拟简便仪注,上请圣裁,明示各衙门遵行,庶临期不致差误。且旷典肇举,懿范昭垂,贻之万世,永有烈光矣!"[4] 张居正责令每一位参加典礼的人员务必遵守朝廷礼仪,以此重塑君主权威,重振君主威严。而后万历十年,张居正奉神宗皇帝整肃朝仪上疏敕谕后再次指出:"众心始之所儆,后有犯者,着鸿胪寺及侍班御史指名参奏,必罪不宥。庶朝廷之礼尊,而上下之分明也。"[5] 除此之外,张居正还将改革后国家形势的好转归功于君主的日理万机,称赞君主运筹帷幄才有了国家的兴盛,以此强调"尊主权"改革的成效。万历七年,辽东总兵李成梁率兵击败土蛮,张居正将胜利归功于"皇恩",

[1] 张居正.陈六事疏[M]// 张居正全集.武汉:崇文书局,2022.
[2] 张居正.陈六事疏[M]// 张居正全集.武汉:崇文书局,2022.
[3] 刘志琴.张居正评传[M].南京:南京大学出版社,2006.
[4] 张居正.请定面奖廉能仪注疏[M]// 张居正全集.武汉:崇文书局,2022.
[5] 张居正.奉谕整肃朝仪疏[M]// 张居正全集.武汉:崇文书局,2022.

他说:"皇恩已耆五单于,小丑那复忧东胡。"[1] 边防形势大为好转,北方鞑靼暂时不敢进犯,张居正借此赞叹:"干羽两阶文德洽,九垂端拱万方宁。"[2] 在张居正眼里,一切功劳全是君主的,"君权至上"带来的是皇帝执掌大局,国家形势的好转。

其次,改变以往诏令无人贯彻执行的窘状。君主的不作为导致当朝的诏令大多被弃置,公文、案件等多被埋没,甚至君主还偶尔颁布一些荒淫无度、肆意妄为的诏令,内容可谓荒唐至极,所以根本无法取信于人,又何谈认真执行呢?这样一来君主颁发的诏令自然不受到人们的尊重,国家法律也得不到执行,违法之人趁机逃脱法网,再加上以严嵩为代表的一些奸臣,假借皇帝的名义来构建自己的"利益小团体",到处拉帮结派,玩弄权术,贪污腐败,利欲熏心,中饱私囊,这样一来,官场积弊越来越深,敷衍塞责,阳奉阴违已成官场常态,诏令流于形式,国家运转陷入停滞状态。因此通过重塑"君权至上"的思想,加强官员对皇帝颁布的诏令的敬畏之心,督促他们有力地执行各项诏令,提升国家治理的行政效率。

朱元璋提出"尊主权"后又随之提出"一号令"思想,张居正对此也做了很好的继承。之前的论述中曾经提到《明史》对张居正最大的评价就是"君权至上、一号令"。"君权至上"指的是天下群臣百姓对君主的绝对服从与恭敬,从而遵守制度规范,各司其职,天下太平。而"一号令"关键在于"一",这个"一"不是当今政治体系之中的民主集中制,而是特指"君主"。朱元璋在世时,皇帝独断,统一号令,从中央到地方军事、行政、监察大权的一揽子运作,就是"一号令"的起源,这就规定了至高无上的君主决定所有国家方针政策的实施与否,由君主一个人决定各项举措,加强了统一执法的力度,消除了各种不统一的言论,所以"一号令"实施的前提条件就是臣对君主的绝对服从,即君权至上。因此,张居正改革言必称"祖制"。张居正在《谢召见疏》中称:"臣之区区,但当矢坚素履,罄竭猷为,为祖宗谨守成宪,不敢以臆见纷更;为国家爱养人才,不敢以私意用舍;此臣忠皇上之职分也。仍望皇上,思祖宗缔造之艰,念皇考顾遗之重,继今益讲学勤政,亲贤远奸,使宫府一体,上下一心,以成雍熙悠久之治,臣愚幸甚,天下幸甚。"[3] 这些都充分体现张居正将"君权至上"作为自己官德思想的根本指向。

### (二)忠君报国

忠君报国是儒家传统伦理思想的核心要义,也是对臣必然的道德要求。张居正

[1] 张居正.辽左奏捷[M]//张居正全集.武汉:崇文书局,2022.
[2] 张居正.九塞称臣[M]//张居正全集.武汉:崇文书局,2022.
[3] 张居正.谢召见疏[M]//张居正全集.武汉:崇文书局,2022.

作为君本主义的维护者，极力强调忠就是加强君权专制，让臣遵守忠君报国这个伦理准则。张居正在重返京城的路上表达了自己忠君报国的观点："我愿移此心，事君如事亲，临危忧困不爱死，忠孝万古多芳声。"[1]

在张居正看来，臣的"忠"就是"秉公为国，不恤其私"[2]，臣的责任是巨大的。因此作为臣要一心为国，不留恋自己的私欲。张居正维护的是专制统治，这种制度是那个时代比较合理的政治制度安排，因为"君主"是当时国家利益的最高代表，特别是到了明朝，所有的号令全为"君主"一人独断，因此"忠君"从目的上来说就是为了国家的统一和民族的团结。这样一来，君主就是国家的最高权威，是社会稳定与发展的主要源动力。无论臣子还是百姓，"忠君"要从大局出发、从国家民族利益出发，祈求天下苍生多福祉、江山社稷多太平。所以"忠君"就成了"三纲"中"君为臣纲"的重要表现，意味着受人之托、忠人之事，意味着忠于自己的良知和做人的道义。

### 1. 加强君主学习

张居正忠君报国的思想首先体现在对于万历皇帝的教育之上。加强学习能为年幼的万历皇帝日后治理天下打下良好的基础。穆宗去世之前任张居正为顾命大臣，委托他全权安排即将继位的朱翊钧学习的事宜，张居正谨遵穆宗成命，不敢有一丝懈怠。张居正认为能够为皇帝治理天下贡献自己的力量，就是臣忠于皇帝的本分。当时的万历皇帝朱翊钧年仅十岁便继位，虽贵为一国之君，但年纪尚小，学业未成，执政能力尚缺，还需要多方学习才能羽翼丰满。万历皇帝如何完成学习，继而明了治国理政之典要乃是当务之急。为了能让万历皇帝早掌握治国所需要的知识，尽快具备治国理政的能力，作为万历皇帝老师的张居正将自己的全部精力投入于对神宗的教育之中。"悬情双白身难乞，报国孤舟主自知。"[3] 对于万历皇帝的教育，张居正不敢有一丝马虎，他这个帝王之师绝对是尽职尽责的。张居正十分注重万历皇帝文化知识的学习，对万历皇帝德行的教育和统治经验的整理也尤为重视。张居正认为，"即使天潢帝胄，亦必应学而知之，学而通之，必须通过后天的培养训练，才可能无愧皇裔，有望成为朝野的表率"。[4] 其实早在万历皇帝朱翊钧还是太子时，张居正就对他的学习问题倍加关注。隆庆四年的朱翊钧已满八岁，按照常规礼部题奏要太子开始学习，可是穆宗不同意，张居正上疏表示："敬惟东宫殿下，英明天赐，

---

[1] 张居正. 割股行 [M]// 张居正全集. 武汉：崇文书局，2022.
[2] 张居正. 谢召见疏 [M]// 张居正全集. 武汉：崇文书局，2022.
[3] 张居正. 春日侍讲 [M]// 张居正全集. 武汉：崇文书局，2022.
[4] 韦庆远. 暮日耀光：张居正与明代中后期政局 [M]. 南京：江苏凤凰文艺出版社，2017.

睿知凤成。今已八龄,非襁褓矣。正聪明初发之时,理欲互胜之际,必及时出阁,遴选孝友敦厚之士,日进仁义道德之说,于以开发其知识,于以熏陶其德性。"[1] 皇太子朱翊钧十岁时,穆宗让皇太子出阁讲学,接受系统而正规的儒家经典教育。但出阁讲学只进行了两个月,穆宗就病危了。穆宗在弥留之际,特地在遗诏中要求朱翊钧继续学习,学业切莫半途而废。张居正根据遗诏,制定了以学习为主,文化知识和执政能力依次培养的详细教学计划。张居正提出以务学为急、以讲学亲贤为先的原则,并指出:"自古帝王虽具神圣之资,犹必以务学为急。我祖宗列圣,加意典学,经筵日讲,具有成宪。用能恢弘治理,坐致升平。"[2] 这样一来就把学习与治理国家有机地结合了起来。

按照明朝祖制,皇帝的学习称为讲学,主要是日讲和经筵。张居正考虑到万历皇帝尚且年幼,本着"视朝不如勤学为实务"的原则,亲自为其拟定了日讲的时间,按照计划万历皇帝每月用大约二十天的时间来学习,其他时间用来处理政事。在征得万历皇帝同意后,张居正就日讲的具体内容和程序又做了详细的安排。

关于日讲的内容,张居正安排:"伏睹皇上在东宫讲读,《大学》至传之五章,《尚书》至《尧典》之终篇。今各于每日接续讲读,先读《大学》十遍,次读《尚书》十遍,讲官各随即进讲,毕,各退。讲读毕,皇上进暖阁少憩,司礼监将各衙门章奏,进上御览,臣等退在西厢房伺候……览本后,臣等率领正字官恭侍皇上进字,毕,若皇上欲再进暖阁少憩,臣等仍退至西厢房伺候……近午初时,进讲《通鉴节要》,讲官务将前代兴亡事实,直解明白,讲毕各退,皇上还宫。"[3] 张居正为万历皇帝安排了大量儒家经典及《资治通鉴》等经典之学。此外张居正还提出:第一,如果万历皇帝对日讲的内容有所疑问,要及时询问,张居正自己或其他人再用浅显的语言给万历皇帝讲解清楚;第二,每月视朝后虽不用讲学但都温习讲过的经书,练习书法;第三,每日日出用膳完毕后就到文华殿讲读;第四,除遇到大寒大暑等极端天气外,不停止讲读。

为了更好地让万历皇帝从历代治乱兴亡的事实中吸取经验与教训以备治国之用,张居正亲自编撰《帝鉴图说》供万历皇帝阅读。"窃以人求多闻,事必师古。顾史家者流,亡虑千百,虽儒生皓首,尚不能穷,岂人主一日万几,所能遍览?乃属讲官马自强等,略仿伊尹之言,考究历代之事;除唐虞之上,皇风玄邈,记载未详者,不敢采录;谨自尧舜以来,有天下之君,撮其善可为法者八十一事,恶可为

[1] 张居正.请皇太子出阁讲学疏 [M]// 张居正全集.武汉:崇文书局,2022.
[2] 张居正.乞崇圣学以隆圣治疏 [M]// 张居正全集.武汉:崇文书局,2022.
[3] 张居正.拟日讲仪注疏 [M]// 张居正全集.武汉:崇文书局,2022.

戒者三十六事。善为阳为吉，故用九九，从阳数也，恶为阴为凶，故用六六，从阴数也。每一事前，各绘为一图，后录传记本文，而为之直解，附于其后。分为二册，以辩淑慝，仍取唐太宗以古为鉴之意，僭名《历代帝鉴图说》，上呈睿览。"[1] 这本由一个个小的故事构成并配以插图的教科书，深入剖析了历代帝王成败的史实。全书分为"善"和"恶"两大部分，循序渐进地对万历皇帝进行"善"的引导及"恶"的劝诫。

### 2. 辅佐君主治国理政

张居正忠君报国的思想同样也体现在辅佐万历皇帝治国理政之上，而且有着深深的法家伦理思想痕迹。韩非子有云："人主者，天下一力以共载之，故安；众同心以共立之，故尊。人臣守所长，尽所能，故忠。以尊主御忠臣，则长乐生而功名成。名实相持而成，形影相应而立，故臣主同欲而异使。"韩非子认为天下人都拥戴君主，因此君主地位尊贵。而作为臣应该忠于君主，并且怀有和君主一样的治国理政目标，竭尽全力辅佐君主将国家治理好，国家因此也就会安定富强。这是法家忠君报国的思想。继而韩非子又提出："夫所谓明君者，能畜其臣者也；所谓贤臣者，能明法辟、治官职，以戴其君者也。"意在强调所谓英明的君主，能驯服群臣，在任用臣上遵循自然规律而赏罚分明，如此就能顺利推行法术，利用臣而建立功业，也能防止社会混乱而治理好国家；同时贤能的臣也会忠于职守，通过严明法纪来拥戴自己的君主。张居正认为，没有什么比君主更为尊贵，也没有什么比权势更为隆盛。君主要有效驾驭群臣，让臣各尽职守，全力辅佐其治国理政，践行臣本应该遵守的职责，符合臣的道德要求。而如果臣没有尽心辅佐君主治国理政，那就违背了道德原则，不仅君主自身会受到威胁，国家也将因此遭受祸患。

为了更好地辅佐君主治国理政，张居正与吏部尚书张瀚、兵部尚书谭纶等人制造御屏一座，上面不仅分别记录了知府以上文武百官的姓名、籍贯等内容，而且还绘制了全国疆域图。"臣等日侍左右，皇上即可亲赐询问，细加商榷。臣等若有所知，亦得面尽其愚，以俟圣断，一指顾间，而四方道里险易，百司职务繁简，一时官员贤否，举莫逃于圣鉴之下。不惟提纲挈要，便于观览；且使居官守职者，皆知其名常在朝廷左右，所行之事，皆得达于宸聪。其贤者，将兢兢焉争自焠厉，励以求见知于上，不才者，亦将凛凛焉畏上之知，而不敢为非。皇上独运神智，坐以照之，垂拱而天下治矣。"[2] 这样一来皇帝便可以非常容易地了解到群臣的动态以及国家的

[1] 张居正. 进帝鉴图说疏 [M]// 张居正全集. 武汉：崇文书局，2022.
[2] 张居正. 进职官书屏疏 [M]// 张居正全集. 武汉：崇文书局，2022.

实际情况，可以更加有效地治理国政。

同时，张居正还继承了法家主张的通过严明法纪来实现忠君报国的思想。在张居正的吏治改革之中，他通过严明法纪，告诫所有官员都要尽心尽力辅佐皇帝治国理政，尽到自己忠君报国之责，而且他还直接以制度的形式约束和监督各级官员，优则赏，劣则惩，如有违抗，依法处置。这样以往吏治不清的情况就大为改观，国家行政效率迅速提高，在皇帝的领导下，国家治理成效显著。

总体来看，一方面，张居正重视皇帝的学习，作为万历皇帝的老师，他对万历皇帝长达十年的全方位教育，使其具备了完善的文化知识和治国理政的能力，可谓成效显著；另一方面，张居正兢兢业业辅佐皇帝治国理政，作为一名臣子，将其全部身家性命全部奉献给了国家。张居正以忠君报国为己任，胸怀天下，志存高远，心系江山社稷，一心立志为国为民，具有热血报国的大志。张居正正是以忠诚为基石，才会尽心尽责为国分忧，为公而忘私，为国而忘家，一生为国事操劳。张居正无论是在京为官还是蛰伏乡间，都做到了忠心耿耿、忠君报国之心。

### （三）忠君逆命

"忠君"观念在宗法社会中有着天然的合理性，这也确保了专制制度能够延续下去。"忠"包含恭敬、顺从、诚信等道德要素，是衡量臣子德行的核心标准，也是中国传统伦理学中的重要范畴。"居处恭，执事敬，与人忠。"所以可以豁出自己的性命来维护君主的利益。但儒家提倡的"忠君"以及三纲思想的精神实质，并不只是让人们无条件地服从君主，或无止境地强化国君权威，而是为了反对地方势力的膨胀，反对诸侯的贪欲破坏国家安宁，避免把千百万人拖进分裂战争的混乱中。贺麟先生在《文化与人生》一书中对传统的忠君之道进行了一番新的解读。他说："先秦的五伦说注重对人的关系，而西汉的三纲说则将人对人的关系转变为人对理、人对位分、人对常德的单方面的绝对的关系……三纲说认君为臣纲，是说君这个共相、君之理是为臣这个职位的纲纪。说君不忍臣不可以不忠，就是说为臣者或居于臣的职分的人，须尊重君之理，君之名，亦即是忠于事，忠于自己的职分的意思。完全是对名分、对理念尽忠，不是作暴君个人的奴隶。"[1] 所以"忠君"绝不是臣子一味顺从。

荀子强调："从命而利君谓之顺，从命而不利君谓之谄；逆命而利君谓之忠，逆命而不利君谓之篡……有能抗君之命，窃君之重，反君之事，以安国之危，除君之

---

[1] 贺麟.文化与人生 [M]. 北京: 商务印书馆, 2015.

辱，功伐足以成国之大利，谓之拂。故谏、争、辅、拂之人，社稷之臣也，国君之宝也，明君所尊厚也，而暗主惑君以为己贼也……传曰：'从道不从君。'此之谓也。"这种"从道不从君"在荀子看来才是真正的忠君观。对于臣子来说，忠君不是满足君主的私利，如果君主的言行危及国家社稷的利益，臣子可以不惜抗君，不遵从君主的命令，甚至代行君权，确保国家社稷的稳定。

张居正十分赞成荀子的观点，他认为"忠君"不是一味地服从，当君主有不当行为的时候应该及时劝阻，这与法家所倡导的毫无原则地迎合君心的"绝对君权"思想是截然不同的。这种"忠君逆命"的君臣观才是较合理的君臣之道。

虽然张居正只是臣子，但作为皇帝老师的他，早就把自己的身家性命抛在了脑后，他坚信培养一个优秀的君主才是自己最重要的事情。在皇帝昏庸无能，朝廷一片趋炎附势的背景下，少有人能够坚守这种"忠君逆命"的君臣观。正是由于前朝的深刻教训，所以在万历皇帝这里，张居正不想重蹈覆辙。由于万历皇帝年龄的增长及众人的奉承，帝王意识愈加强烈的他，私欲也越来越大，这时的张居正也更加重视对万历皇帝起居日用、行为处事的引导。

第一，张居正教导万历皇帝勤于国家政事的学习。万历皇帝酷爱书法，经常写字赐给群臣。为了表达对老师张居正的感情，万历皇帝也经常作书，命文书房送给张居正。其实书法作为中国传统文化艺术的一部分，有着陶冶情操、收敛身心的功效，读书之人大多喜好书法。但万历皇帝年纪尚小，学识尚浅，再加之贵为国君还有许多政事尚待处理，所以张居正劝告万历皇帝需要节制书法爱好："帝王之学，当务其大。自尧舜至唐宋贤主，皆修德行政。治世安民，不以一艺。汉成帝知音律，能吹箫度曲；梁武帝、陈后主、隋炀帝、宋徽宗皆能文，善书画，无救于乱亡。则君德之大，岂沾沾一艺哉。"[1]

第二，张居正教导万历皇帝注意节俭，以备国用。万历皇帝欲修两宫太后的住所，张居正上疏："方今天下，民穷财尽，国用屡空。加意撙节，犹恐不足；若浪费无已，后将何继之？"[2]提醒万历皇帝两宫在三年前就已经修过不必再修，希望皇帝能保持节俭的作风。大婚之后的万历皇帝对声色犬马、金珠宝玉的欲望越来越大，导致宫廷开支急剧增加，张居正劝告万历皇帝："夫古者王制以岁终制国用，量入以为出……夫天地生财，止行此数，设法巧取，不能增多。惟加意撙节，则其用自足……总计内外用度，一切无益之费，可省者省之；无功之赏，可罢者罢之。"[3]希望他注意节俭，

---

[1] 谈迁.国榷[M].北京：中华书局，1988.
[2] 张居正.请停止内工疏[M]//张居正全集.武汉：崇文书局，2022.
[3] 张居正.看详户部进呈揭帖疏[M]//张居正全集.武汉：崇文书局，2022.

保证国库银两充足，争取国家财政的好转，减轻人民的负担。万历九年，万历皇帝要大修武英殿，张居正委婉陈词："臣等愚见，伏望皇上绎思世宗皇帝临御东朝之意，姑仍旧贯，暂停工作，以省劳费。"[1]

第三，张居正教导万历皇帝对皇权家族加强管理。万历皇帝的外公李伟请求朝廷增加给自己建造坟墓的银两，万历皇帝让内阁从厚拟报。张居正劝谏："想以祖宗以来，相传恩例如此，有难以逾越耳。今皇上孝事圣母，岂能有加于圣庙？而圣母之笃厚外家，亦岂能有逾于章圣皇太后乎？今以世宗皇帝之所不能加，章圣太后之所不可逾，而圣母与皇上必欲破例处之，此臣等所以悚惧而不敢擅拟者也。"[2] 以此提醒皇帝限制给予外戚过分的恩赏。而后万历皇帝认为朝廷给皇亲永年伯王伟弟弟授予千户职位过低，让朝廷授予其锦衣卫指挥官等更高的职务，张居正劝谏："当先帝龙飞之日，与皇上嗣统之初，加恩陈、李二家，例止于此。今皇上虽欲优厚外戚，讵可逾于两宫皇太后之家乎？"[3]

张居正践行忠君逆命的伦理思想，虽然初衷是为了加强统治，但实际上通过对年幼的万历皇帝进行正确引导，修正皇帝失德的行为，提升皇帝的道德水平，促使皇帝沿着圣贤的轨迹前行，继而对其他官员的德行修养起到积极的示范作用，最后大力施行仁政，获得天下太平。

综上所述，张居正官德思想建立在"做官先做人"的理论基础之上。他的修养方法受传统儒家思想与法家思想的影响，同时又融入了自己独到的观点，因此对当时社会及后世都具有着非常重要的指导意义。

[1] 张居正.请停止工程疏 [M]// 张居正全集.武汉: 崇文书局，2022.
[2] 张居正.请裁抑外戚疏 [M]// 张居正全集.武汉: 崇文书局，2022.
[3] 张居正.请外戚子弟恩荫疏 [M]// 张居正全集.武汉: 崇文书局，2022.

## 第三节　教育伦理思想

张居正有着深刻的官德思想，重视道德修养对于人的积极意义。张居正指出道德与教育是息息相关的，因为教育是素质的学习和实践活动，道德对于教育有着积极的促进作用，而教育又可以提升个人的综合素质，进而对道德水平的提升发挥重要作用。

### 一、官学教育伦理思想

张居正早年长期任职于翰林院，后来进入内阁担任首辅，其间还担任两代皇帝的老师，有着丰富的教育实践经验。张居正将官学教育作为整个教育体系之中的重中之重，所以官学教育伦理思想也是张居正教育伦理思想的核心内容。张居正官学教育伦理思想体现出官学教育活动与道德修养紧密相结合的特点。

#### （一）经世致用，利国益民

明朝学校教育以官学的形式展开，而作为培养未来国家官员的官学，由国家直接创办和管辖，将学校分为中央和地方两大类。官学教育的目的是培养人才，将人培养成对社会有用的人，其学子应具有道德高尚、爱国守法、博学多才的特点，可以为国家创造无数物质财富与精神财富，发挥巩固国家政权、促进社会发展、构建社会秩序的作用。因此国家的兴旺强盛离不开官学教育。

宋代大儒，婺学之祖吕祖谦提出"育实材，而求实用"[1]的育人目标,指出"立心不实,为学者百病之源"。[2]吕祖谦认为教育就是要培养日后能够治理国家的有用之才。吕祖谦的这一观点与陈亮、叶适的反对理学谈论心性而强调应该让儒学回归民生、回归社会的"事功学说"思想是一致的。以陈亮、叶适为代表的儒家学者围绕抗金救国的政治背景而提出了德育思想。这是忧国忧民的进步学者基于民族矛盾为国家主要矛盾的实际,针对复杂的社会问题,寻找到的救国救民的方法,是反思国家教育整体水平下滑而做出的批判性反思。德育思想旨在培养集志、勇、仁等素质为一身,能肩负国家重任,为社会所用的实干型人才,他们主张经世致用,将"用"作为检验所学知识正确与否的根本方法。所以吕祖谦说:"百工治器,必贵于有用,器而不可用,工弗为也。学而无所用,学将何为也邪。"[3]吕祖谦本着"求实用"的治学目的,认为那些只知道读书、为了中举做官而读书的人,对国家无一用处,难以管理好国家。

基于明朝混乱的官学教育状况,在借鉴了前人思想的基础上,张居正提出"经世致用,利国益民"的重要思想。张居正认为国家治理需要大量人才,官学教育就是培养人才的基地,培养人才是官学教育目的所在,而官学教育培养出来的人才,应该有着经世致用的特点,能在治国理政之中发挥实际作用,进而解决国家实际问题,有利于国家和人民,这样国家才能永葆生机,绝不培养华而不实的无用之人。

张居正坚信敦本务实才是教育的本质所在。官学教育要将经邦济世作为前提,大力培养实用之才。张居正本着敦本务实的为学观,从实用主义角度出发,对官学教育进行全新的界定。张居正明确提出要以教育行为和教育实践产生的实际功效作为道德评价的标准,本着经世致用的教育原则,主张学习治国的技艺,领悟君臣大义和治国良策。

培养人才的问题"不仅是一个方法的问题、规律的问题,而且是一个合目的性的问题。因为如何进行学习,为什么而学习不仅关系到学生自身素质、能力、人格的培养与提高,而且也关系到国家社会的发展"。[4]所以对学生学习的伦理探讨很有必要。明朝的官学以儒家经典为主要内容,培养的是日后治国理政的人才。可是到了明朝中叶,官学的作用急剧下降,接受官学教育的学生,只把官学当作获取功名的捷径。张居正说:"以故士习日敝,民伪日滋,以驰骛奔趋为良图,以剽窃渔猎为捷径,居常则德业无称,从仕则功能鲜效。祖宗专官造士之意,骎以沦失,几

---

[1] 吕祖谦. 吕祖谦全集 [M]. 杭州:浙江古籍出版社,2008.
[2] 吕祖谦. 吕祖谦全集 [M]. 杭州:浙江古籍出版社,2008.
[3] 吕祖谦. 吕祖谦全集 [M]. 杭州:浙江古籍出版社,2008.
[4] 李辽强. 王廷相教育伦理思想研究 [D]. 长沙:湖南师范大学,2010.

具员耳。"[1] 官学教育培养出来的学生学业不精，德行不良，如此这般怎能将治国安邦的大任交于他们？

张居正认为教育可以提升个人及社会的道德水平，坚信教育对国家兴盛有着重要的价值。明朝之前官场上的吏治混乱，根源就是官员的德行操守出现了严重问题。饱读儒家经典的他们本应该德行高尚，操守如一，肩负经邦济世之责，可是他们大都道德败坏，消极堕落，整个官场一片混乱，威胁国家存亡，这正是官学教育之中对德行教育的缺失所造成的。如果在培养国家未来官员的官学教育体系中，加强对德行操守的培养，锻造人格高尚的栋梁之材，使其中国家与个人利益之间做出正确的道德判断，守住为官的底线，担起为官的责任，做出应有的贡献，继而国家昌盛，人民安居乐业。孔子有云："古者言之不出，耻躬之不逮也。"孟子强调："君子所性，仁义礼智根于心，其生色也，睟然见于面，盎于背，施于四体，四体不言而喻。"所以儒家一直主张言行一致，躬行实践，力主道德的原则一定要在生活的实际中显现出来，后来王阳明将其称作"知行合一"。儒家经典不仅培养人高尚的道德情操，更重要的是对这些道德情操的践行。儒家是入世之学，培养的是肩负国家重任，经世致用的治国人才。官学培养出的学生们，理所当然应该修炼高尚道德情操，进而在进入官场后尽全力为国效力，积极践行自己所学，将儒家思想中的兼济天下之根本发扬光大。因此官学教育一定要加强培养学生的德行，将儒家经典之中的核心要义真正灌输给学生，勉励学生躬行实践，培养他们主动承担国家兴衰之责。

为了更进一步使官学起到经世致用、利国益民的作用，张居正指出："盖学不究乎性命，不可以言学；道不兼乎经济，不可以利用。故通天地人，而后可以谓之儒也。"[2] 这是儒家"兼济天下"思想的继承，也是惠及天下民众、万物，使他们都能受到恩惠和帮助思想的表达。在那个世道混乱的年代，张居正仍然有着如此这般的国家情怀，说到底还是他胸怀儒家德行操守，立志以国家强盛为己任，积极为国家发展增添正能量，为劳苦大众安居乐业作贡献。基于以上情况，张居正对官学教育所教授的内容又作出了新的论述。明初官学的内容不仅包括《论语》《孟子》《大学》《中庸》《尚书》《易经》《诗经》《礼记》《春秋》等以"四书""五经"为代表的经书，还包括了书法、《大明律》等课程的学习。"明初的课程设置面较宽，比较注重实际，有利于培养治理国家的人才……然而，永乐以后，科举成为做官的主要途径……考经书义又以只许复述圣贤之言，不许自由发挥的八股文为考试方法。"[3]

[1] 张居正，张舜徽. 申旧章饬学政以振兴人才疏 [M]// 张居正全集. 武汉：崇文书局，2022.
[2] 张居正. 翰林院读书说 [M]// 张居正全集. 武汉：崇文书局，2022.
[3] 肖少秋. 张居正改革 [M]. 北京：求实出版社，1987：100.

为了改变官学学生只会作八股文，没有广博的知识无法透彻理解经书真正含义的现象，张居正下令："圣贤以经术垂训，国家以经术作人。若能体认经书，便是讲明学问，何必又别标门户，聚党空谭？今后各提学官督率教官、生儒，务将平日所习经书义理，着实讲求，躬行实践，以需他日之用。"[1]官学学生读书，应当以经国济世为根本，平日之所学一定是有用之学。"国家明经取士，说书者，以宋儒传注为宗；行文者，以典实纯正为尚。今后务将颁降'四书''五经'《性理大全》《资治通鉴纲目》《大学衍义》《历代名臣奏议》《文章正宗》及当代诰律典制等书，课令生员，诵习讲解，俾其通晓古今，适于世用。"[2]"夫恢皇王之绪，明道德之归，研性命之奥，穷经纬之蕴，实所望于尔诸君也。"[3]张居正要求学生学习的时候要博古通今，不要虚图名声，要以安天下的济世精神钻研学问，总结历史经验教训，锻炼自己处事应变的能力，扎实自己的才干，最后经世致用，利国益民。

为了保证各地官学教育贴近实际并切实起到效果，张居正认识到官学的教师（即学官）的好坏，直接会影响到学政的好坏，因此张居正慎重选择学官，对学官的选用作了严格而详细的规定，并对学官进行考核，考核不合格者不得继续担任学官，对考核优秀的学官则给予奖励，大大提升了学官的积极性。张居正多次写信给各地学官并指出："仆愿今之学者，以足踏实地为功，以崇尚本质为行，以遵守成宪为准，以诚心顺上为忠。"[4]这是张居正治学宗旨的集中体现，他发自内心地希望官学能够倡导实学精神，期盼官学能够培养出大批具有务实精神的治国之才。所以张居正进一步强调："凡今之人，不如正之实好学者矣。"[5]针对科举考试出题脱离实际缺乏新意，学生备考仅靠猜题和背诵范文应付考试的坏风气，张居正从改革会试考试内容出发，对策论题提出了自己新的要求。隆庆五年（1571 年），张居正担任会试主考官，他从社会现实出发，向参加考试的考生提出策问，并撰写了三篇以经义论政的范文，即《辛未会试程策》。他认为一切应从实际出发，以国家的需要和时势的发展来判断知识的合理性，这是他写《辛未会试程策》的根本思想，也是张居正开展万历新政之时的重要指导思想。张居正表示："有能综览古今，直写胸臆者，虽质弗弃；非是者，虽工弗录。"[6]从而保证录取有用之才。

张居正反对官学中不重实效的教育方式，着眼于官员执政空疏的状况，针对性

[1] 张居正.请申旧章饬学政以振兴人才疏 [M]// 张居正全集.武汉：崇文书局，2022.
[2] 张居正.请申旧章饬学政以振兴人才疏 [M]// 张居正全集.武汉：崇文书局，2022.
[3] 张居正.翰林院读书说 [M]// 张居正全集.武汉：崇文书局，2022.
[4] 张居正.答南司成屠平石论为学 [M]// 张居正全集.武汉：崇文书局，2022.
[5] 张居正.答宪长周友山讲学 [M]// 张居正全集.武汉：崇文书局，2022.
[6] 张居正.辛未会试录序 [M]// 张居正全集.武汉：崇文书局，2022.

地提出应该遵循敦本务实的学风："学问既知头脑，须窥实际。欲见实际，非至琐细、至猥俗、至纷纠处，不得稳贴。"[1] 张居正认为治学要面向实际，倡导务实。"要做到这一点必须改进读书的内容，他要求士人不仅要攻读明太祖在《卧碑》中规定的四书五经，还把历代名臣的奏议、治国经世之论、典章制度的沿革列为教材，大大突破了理学的禁锢。他自感身居高位，对民情犹如隔窗观花，不如外官体察民间疾苦。"[2] 张居正主张立足实际，学以致用。以往清高脱俗的士大夫认为民众的生活日用琐碎、猥俗，对此不屑一顾。但张居正认为，治学要与解决民生问题相结合，士大夫要多多关心民众生活，解决民生问题才是"治学"的根本目的所在，才真正践行了儒家思想，不然"人情物理不悉，便是学问不透"[3]。张居正主张学习历代名臣的奏议、治国经世之论、典章制度的观点，在对万历皇帝的教育中也尤为凸显。他告诉万历皇帝要学习本朝的治国经验，将其运用到当下的治国理政。张居正劝勉万历皇帝："窃以为远稽古训，不若近事之可征；上嘉先王，不如家法之易守……则今日之保泰持盈，兴化致理，岂必他有所慕，称上古久远之事哉？惟在皇上监于成宪，能自得师而已矣。"[4] 这封奏疏，体现了张居正重视实际，主张经世致用，而后才能利国益民的思想。

### （二）尊贤爱才，才尽其用

"四海之广，虽圣人不能独治；万机之众，虽圣人不能遍知。"[5] 国家幅员辽阔，百姓众多，国家治理急需大批人才。人才事关国家的命运，也直接决定着社会发展水平。张居正"经世致用，利国益民"的官学教育伦理思想的根本指向就是人才使用。官学教育的目的是培养大量经世致用的实用人才，但通过官学教育培养出这些人才后，其教育目的并没有完全实现，还需要依靠人才的任用、配置等，让人才有效发挥作用，进而充分起到经邦济世的效果，所以用人之道就是最终实现官学教育目的的根本所在。张居正秉持着尊贤爱才的人才观，尊重与爱护国家的人才，发掘出一大批有用之才，充分发挥人才的才华与能力，为国家振兴提供了有力保障。

#### 1. 求贤若渴，广纳人才

要想国富力强，百姓安宁，就必须广泛招募贤良，选用真才实学之人辅佐皇帝

[1] 张居正．答罗近溪宛陵尹 [M]// 张居正全集．武汉：崇文书局，2022．
[2] 刘志琴．张居正评传 [M]．南京：南京大学出版社，2006．
[3] 张居正．附录翰林时书牍 [M]// 张居正全集．武汉：崇文书局，2022．
[4] 张居正．请敷陈谟烈以裨圣学疏 [M]// 张居正全集．武汉：崇文书局，2022．
[5] 司马光．知人论 [M]// 司马温公集编年笺．成都：巴蜀书社，2009．

治理国家。贤良乃是经邦济世之要务,治国安邦之所需。这是张居正人才观建立的基础。张居正深知人才的选用对于国家兴亡的重要性,他指出:"以是知天下之事,惟知几识微者可与图成,而轻躁锋锐者适足以偾事阶乱而已。"[1]因此张居正对于人才是十分渴望的。他秉持着"惟才是用"的方针广招天下人才。早在翰林院任编修时张居正就提出:"至我国家,立贤无方,惟才是用。采灵菌于粪壤,拔姬、姜于憔悴。王、谢子弟,或杂在庸流,而韦布闾巷之士,化为望族。"[2]张居正求贤若渴,主张"才有可用,孤远不遗"[3]:"即使远在万里,沉于下僚,或身蒙曾诟,众所指嫉,其人果贤,亦皆剔搔而简拔之。"[4]这是张居正尊贤爱才的人才观的核心。

张居正有着强烈的求才渴望,对人才十分注重诚意,一直以来都以诚心求得人才,为了复兴明朝积蓄力量:"时属休明,众贤励翼,方欲搜遗佚于岩穴,以共图治理。"[5]国家治理需要汇聚人才。张居正是一个务实的人,他各方网罗,招贤纳士,集中体现出不拘一格降人才的特点:

其一,选才范围不论亲疏远近,只要有一技之长皆可用之。张居正说:"故自当事以来,谆谆以此意告于铨曹,无问是谁亲故乡党,无计从来所作眚过,但能办国家事,有礼于君者,即举而录之。"[6]尺有所短,寸有所长,既不能拿人所短比他人之长,也不能因细微过错而以点概全。张居正主张要善于发现人身上的长处,只要是有才之人,就应该大胆启用。所以招募人才,不能限于私意,无论亲疏远近,公平对待每一个人。只有秉持公正之心选贤任能,这样才能真正选拔出贤人能人。反之,如若选拔人才时怀有私心,岂能甄别出贤人能人?只不过是假公营私的幌子罢了。故而,张居正反对任人唯亲,特别强调:"天下之贤,与天下用之,何必出于己?"[7]张居正不计较个人恩怨,本着尊重人才,发挥人才才能的原则,以博大的胸怀对待天下英才,甚至大度启用曾反对过自己的人,这种气量也是非常可贵的。张居正认为招纳人才是为国家而服务,而不是为一己私利。

其二,张居正极力挽留那些灰心于混乱的官场,准备选择辞职的人才。广纳人才,就必须珍惜人才。张居正认为要与人为善,以礼治人,只有以礼对待贤良之才,他们才会心悦诚服。为了留下人才,张居正专门写信给准备辞职的官员,以礼相求,

[1] 张居正. 答巡抚郭华溪 [M]// 张居正全集. 武汉:崇文书局, 2022.
[2] 张居正. 西陵何氏族谱序 [M]// 张居正全集. 武汉:崇文书局, 2022.
[3] 张居正. 李太仆渐奄论治体 [M]// 张居正全集. 武汉:崇文书局, 2022.
[4] 张居正. 答刘虹川总宪 [M]// 张居正全集. 武汉:崇文书局, 2022.
[5] 张居正. 答欧少卿 [M]// 张居正全集. 武汉:崇文书局, 2022.
[6] 张居正. 答阎卿李渐庵论用人才 [M]// 张居正全集. 武汉:崇文书局, 2022.
[7] 张居正. 答总宪张岷峡言公用舍 [M]// 张居正全集. 武汉:崇文书局, 2022.

情真意切地恳留他们："知贤而不能荐，去而不能留，孔子所谓窃位者也……其恳留公者，不独以为国家，亦以自为也。"[1]

其三，张居正极力敦促那些曾经受到过排挤，现在官复原职的官员早日重返政坛。在张居正写给礼部尚书高南宇的信中，他敦促高南宇早日出山任职："如仆辈薄劣，不足以致天下贤者，然公平生自负，谓何可终老林壑乎？"[2] 在写给当年不被执政者接纳而去职，后重回官场的南京兵部尚书刘清渠的信中，张居正写道："惟公昔在计曹，以守正不悦于时宰，致忤于中贵，士论每为惋愤。兹当朝政更新，首蒙简用，从人望也。愿遄发征麾，以慰惓惓。"[3] 张居正的诚恳与以礼相待，使得许多人才深受感动。所以在后来张居正改革的进程中，很多人都和他站到了一起，共同推进改革的进行。

渴求人才，诚意求之并礼遇人是中国传统的求才之道。诚心求贤、尊贤爱才是张居正始终秉持的原则，他尊重每一位人才，爱惜每一位人才，真诚对待每一位人才。张居正说："窃意诸生不过欲准考耳，如专属提学，容其续考，稍从宽取，勿使有遗，则士子之愿遂矣，何必按院收之而后为当哉！"[4] 正是这种诚意使张居正赢得了众多人才的拥戴。

### 2. 知人善任，用人不疑

一方面张居正广开才源，扩大选才范围，为国家招募了大量优秀人才。另一方面，对于人才的使用，张居正坚持"知人善任，用人不疑"。

第一，知人善任。要充分认识人才，用时间和耐心来"知人"。所以选贤任能的唯一标准就是人才的品质。"顾持衡者，每杂之以私意，持之以偏见，遂致品流混杂，措置违宜，乃委咎云乏才，误矣。"[5] 张居正认为并不是缺乏人才，而是对于人才的安置不当，导致优劣不分。所以用人之道乃是用人必先知人。司马光曾说："欲知治经之士，则视其记览博洽，讲论精通，斯为善治经矣；欲知治狱之士，则视其曲尽情伪，无所冤抑，斯为善治狱矣；欲知治财之士，则视其仓库席盈实，百姓富给，斯为善治财矣；欲知治兵之士，则视其战胜攻取，敌人畏服，斯为善治兵矣。"[6] 司马光主张从实际工作中出发，通过实际情况，选拔和考察有真才实学的人才，而后大力任用。后来受张居正人才思想影响的曾国藩提出："故世不患无才，患有才

[1] 张居正. 寄太宰吴望湖 [M]// 张居正全集. 武汉：崇文书局，2022.
[2] 张居正. 答宗伯高南宇 [M]// 张居正全集. 武汉：崇文书局，2022.
[3] 张居正. 答司马刘清渠 [M]// 张居正全集. 武汉：崇文书局，2022.
[4] 张居正. 答应天巡抚伸遗谕收遗才 [M]// 张居正全集. 武汉：崇文书局，2022.
[5] 张居正. 答囧卿李渐菴谕用人才 [M]// 张居正全集. 武汉：崇文书局，2022.
[6] 司马光. 资治通鉴 [M]. 北京：中华书局，2009.

者不能器使而适宜也。"[1] 这些都与张居正知人善任的观点是契合的。所以说选才必须根据实际需要，从各方面去认识可用人才，而后使用得当，以充分发挥人才的作用。

第二，用人不疑。人尽其才，才尽其用，使用人才要根据人才能力的大小而用之，并且任用人才的时候要充分信任人才，尽可能地给予其发挥才能的空间。如果发现了人才却又对其有所疑虑而不启用，那就和不用这个人才没有什么分别。"欲用一人，须慎之于始，务求相应。既得其人，则信而任之。"[2] 所以，任用人才就应该建立在彼此信任的基础上。对于人才的使用，张居正给予了充分的信任。万历元年，基于国防状况，张居正为委以边防大总督王鉴川重任，他嘱咐王鉴川："故仆前面奏主上，长城锁钥，专倚于公，一切操纵之机，谅公自有定算矣。"[3] 这也体现了张居正知人善用，充分相信人才。张居正信任有能力的人士，为国家积攒了大量的人力基础。当时漕运是国家的经济命脉，事关国家安危，但是漕运总督总是遭到非议，张居正写信给漕运总督王宗沐，表示自己全力支持其工作，他说："公以全力用于河漕，而以海道为不虞之备可也。"[4] 军事方面，张居正十分重视选将与用将，他深知将领是一军的司令，是战士的表率，在战争中起到非常重要的作用。故此，他在实战中十分注意考察，精心挑选一些具有优异军事素质，多谋善断，而又骁勇善战的将官，授予他们地区性或战役性的指挥大权，留其久任，放置于敌我必争的要害关塞，倚重且信任他们，在各个方面创造必要的条件，让他们总领勇于进取立功。[5] 所以此时明朝的国防状况不断趋于稳定。

张居正惜才、爱才，对于人才倾尽全力进行维护。当时边防事务中涌现出了诸如俞大猷、谭纶、王崇古、戚继光、李成梁等人才，他们战功显赫，功勋卓越，这固然与其本人出色的军事才能密切相关，但亦与张居正的使用得当密切相关。在与湖广巡抚汪南明的信中，张居正说："今日筹边第一计，仆已虑之久矣。但谭、戚二君，数年间大忤时宰意，几欲杀之，仆委曲保全，今始脱诸水火；一旦骤用之，恐不可成，徒益众忌……即二君高才，亦未能办也。当取公策，秘之锦囊之中，酌而行之。"[6] 体现了保护、重用谭纶与戚继光的观点。作为明朝抗倭名将的戚继光，在东南沿海抗击倭寇十余年，扫平了多年侵扰沿海的倭患，确保了沿海人民的生命财产安全，后又在北方抗击蒙古部族内犯十余年，保卫了北部疆域的安全，促进了蒙汉民族的

[1] 曾国藩. 杂著 [M]// 曾国藩集. 长沙: 岳麓书社, 2011.
[2] 张舜徽. 陈六事疏 [M]// 张居正全集. 武汉: 崇文书局, 2022.
[3] 张舜徽. 答督抚王鑑川 [M]// 张居正全集. 武汉: 崇文书局, 2022.
[4] 张舜徽. 答王督漕 [M]// 张居正全集. 武汉: 崇文书局, 2022.
[5] 韦庆远. 暮日耀光: 张居正与明代中后期政局 [M]. 南京: 江苏凤凰文艺出版社, 2017.
[6] 张居正. 与楚抚院汪南明 [M]// 张居正全集. 武汉: 崇文书局, 2022.

和平发展。戚继光虽然才华出众，但是性格强烈，不擅交际，因此得罪了不少人。如此这般不可多得的人才，但在早年不受重用。张居正深知戚继光才华横溢，力排众议，大胆启用戚继光，而他也不辱使命，立下了赫赫战功。在戚继光担任蓟镇总兵官时，张居正专门写信给戚继光：“唐史美之，盖重命使所以尊朝廷也。司马此行，于蓟事甚有关系，幸留意焉。”[1] 张居正嘱咐戚继光搞好与其他官员之间的关系，体现出他的良苦用心。而当漕运总督王宗沐在从海路运米到天津的途中损失三千石米，遭受弹劾时，张居正写信给巡漕御史张怀洲：“然其才足倚，未可深责也。”[2] 嘱咐张怀洲保护有能力任事的官员。

张居正主张广泛招募人才，而对于人才的筛选，张居正也有着清醒的认识。他要求谨慎选拔官员，对于一些徇私舞弊的用人方式予以坚决整饬。张居正强调：“自今该道兵宪及州县正官，宜慎选其人，俾加意整饬，使远至迩安，则有备无患之道也。”[3] 所以张居正麾下的人才基本上都能各得其位，各有其用。

## 二、家庭教育伦理思想

建立在宗法制度之上的中国古代社会，构建出了一套特有的“家天下”政治模式。古语云：“欲治其国者，先齐其家。”[4] 国之本在于家庭，故治理国家之前要把家庭管理好。家以血缘关系为基础，以亲情关系维系。而家庭又是社会的基本组成部分，因此家庭是否稳定和谐直接关系着整个社会的和谐。融洽的家庭氛围可以将家庭个体的道德行为延伸到家族，最终扩展到国家，从而实现治国平天下的政治理想。随后以孔子、孟子、荀子为代表的先秦儒家人物将核心思想“仁学”用于家庭之中，构建出一整套以“孝”为核心的思想，并在“家国同构”的社会背景下演变成社会治理的原则，直接作用于国家治理。

家庭是社会的起点，家庭活动是社会活动的基础。家庭由每位成员共同组成，每位成员都是家庭活动的参与者，“被赋予不同的权利与义务。人最初的启蒙，都是在家庭生活中通过家庭教育来完成的”。[5] 家庭教育是人生最早接触到的教育，“一个人是否具有天伦之爱的能力以及能力大小，有赖于教育及努力。强化人伦角色意

[1] 张居正. 与戚总兵 [M]// 张居正全集. 武汉：崇文书局，2022.
[2] 张居正. 答巡漕张怀洲 [M]// 张居正全集. 武汉：崇文书局，2022.
[3] 张居正. 答滇抚王凝斋 [M]// 张居正全集. 武汉：崇文书局，2022.
[4] 张居正. 大学 [M]// 四书直解. 北京：九州出版社，2010.
[5] 王爱莲. 试论家庭伦理与家庭教育的关系 [J]. 山西广播电视大学学报，2018（3）：39.

识,明确角色期待,扮演好个体在人生各个阶段的角色,是家庭教育的重要内容"。[1] 因此家庭教育影响着人一生的发展,是整个教育体系中的重要环节,对个体社会化起到了关键性作用。

张居正非常重视家庭教育的作用。"盖国人至众,情意难以感孚,须是一家之中恩义浃洽,则由内及外,可以兴一国之仁让,是国之本乃在于家也。"[2] 古人常说人以德行为先,德者本也,才者末也。因此德行修养是家庭教育活动开展的首要要求和必须遵守的价值准则。张居正将德行修养作为家庭教育的根本,形成了自己独特的德行为先的家庭教育观。

### (一)治家之道

家庭教育是对子孙后代持家治业、立身处世的教诲,是中国传统文化的重要组成部分,对维持家庭内部各成员之间和谐相处有着举足轻重的作用。在张居正看来,家庭教育的核心就是德行修养,所以他将立德放到了家庭教育的首要位置。

家庭内部之中,父母是孩子的第一任老师,对孩子的成长起着举足轻重的作用。父母的言行潜移默化着孩子们品德的养成,事关日后的成人成才。在专制时代,父母的这些作用显得更为突出,父母的一举一动很大程度上会决定孩子们未来的发展趋势,孩子们也会一直沿着父母的轨迹慢慢长大。

### 1. 德育为本

张居正深知父母教育对于子女成长的重要性。在对子女的教育中,他秉持着德育为本的理念,不断加强子女的德行修养。"这位铁腕宰相在家庭生活中,却是一位慈祥的父亲。张居正一生有七个儿子,其中一子早年夭折,六子分别是长子敬修、次子嗣修、三子懋修、四子简修、五子允修、六子静修。张居正对孩子疼爱有加,六个孩子对父亲也极为孝顺敬重。"[3] 张居正非常重视家庭教育,深知家庭教育中父母所起到的重要作用,认为作父母的应该率先垂范,教育孩子积极行善。正如宋代大儒司马光所说:"自古知爱子不知教,使至于危辱乱亡者,可胜数哉!夫爱之,当教之使成人。爱之而使陷于危辱乱亡,乌在其能爱子也?"[4] 家庭内部的血缘亲情关系使得父母对孩子有着特殊的感情,这种特殊的感情会转化为一种特殊的关爱体现在子女身上。纵然关心爱护子女是血浓于水的人间真挚情感,但是对子女的教育

[1] 王爱莲. 试论家庭伦理与家庭教育的关系 [J]. 山西广播电视大学学报, 2018(3): 39.

[2] 张居正. 孟子 [M]// 四书直解. 北京: 九州出版社, 2010.

[3] 齐悦. 铁腕宰相张居正的教子之道 [N]. 济南日报, 2019-9-25(4).

[4] 司马光. 温公家范 [M]. 天津: 天津古籍出版社, 1995.

之责不能不顾。所以要以道德教导他们，让他们顺应正道。如果父母对子女的纵情任性不管不顾，就会使他们的行为背离正道，产生各种恶习，最终陷入歧途无法自拔。

张居正将培养孩子的优良德行贯穿家庭教育的始终，他感慨："历观前代侯王有土之君及卿大夫为子孙计虑深远者，岂不欲固其本根，期世世弗替哉……彼其先世之泽，及身而已，淳者已漓，而不思懋德以醰醇；厚者已薄，而不知返薄以归厚。如是，即世家鼎族，乌有弗替者乎！"[1] 他认为对后人的影响不在遗留多少财富，而在于能否以自身人格启迪后人。所以他说："故君子垂世作则，不在族之繁微，而视其德意之凉厚；不在贻之肥瘠，而卜其规模之恢隘。"[2] 张居正将道德财富作为家庭财富的根本。不可否认，一定的物质财富对于家庭及个人的生存发展是必须的，但一个人所需要的物质财富是有限的，如果无止境地追求财富，将财富的多少视为人生唯一的追求，那么就会迷失方向。人生应该追求高尚的道德情操，因此拥有优良德行才是最重要的，只有道德财富才是能永世留存的最宝贵财富。

### 2. 父母之责

"父慈子孝"是父母与子女关系的核心要义。父慈子孝，顾名思义就是父母对子女慈爱，子女对父母孝顺。"何谓人义？父慈，子孝，兄良，弟悌，夫义，妇听，长惠，幼顺，君仁，臣忠。"[3] "父慈子孝"是家庭伦理中亲子关系的界定，父母与子女的关系都可以涵盖其中。"儒家的家庭伦理思想注重家庭成员之间的相互责任和义务，父母对子女的抚育、兄长对弟妹的照顾都被看成是人生的义务、责任。"[4] 儒家思想肯定了家庭对于子女教育的重要意义，认为父母对子女的成长具有重要作用，因此将父母对于子女的教育看作为人父母应尽的责任。

张居正对六个孩子疼爱有加，孩子们对父亲也极其敬重，无论张居正飞黄腾达还是最后被清算，在孩子们眼中，父亲对他们的教育都是他们一生宝贵的财富，这也是张居正最欣慰的地方。张居正对待孩子们是慈祥的，但张居正并没有放松对子女们的管教，不断地砥炼孩子们的品节，将优良家风传承下去。他认为："本之以情，秩之以礼，修之家庭之间，而孝弟之行立矣，独文也与哉。"[5] 教育孩子并不仅仅是学校书本的事，家庭也承载着教化的功能。家庭教育的重点是在抚育孩子成长的过程中对其进行有效的教育引导，培养孩子们成为德行优良的人。

[1] 张居正. 西陵何氏族谱序 [M]// 张居正全集. 武汉：崇文书局，2022.
[2] 张居正. 西陵何氏族谱序 [M]// 张居正全集. 武汉：崇文书局，2022.
[3] 杨天宇. 礼记译注 [M]. 上海：上海古籍出版社，2004.
[4] 祝瑞开. 中国婚姻家庭史 [M]. 上海：学林出版社，1999.
[5] 张居正. 封君尧溪刘先生七十寿序 [M]// 张居正全集. 武汉：崇文书局，2022.

《颜氏家训》中记载"父不慈则子不孝"[1]意在强调父亲如果不知道关爱孩子，孩子就不知道孝敬父亲。父亲与孩子的关系之中，父亲首先做好了自己，用自己的良好德行教育影响孩子，孩子接受了良好道德教育的熏陶后才能反过来孝敬长辈。长久以来，中国的传统思想中父母作为家庭中绝对的核心，在父与子的关系上，父亲自然居于首要的位置，"父不慈则子不孝"的内涵被片面理解成了"儿子应该孝敬父亲"，忽略了"父慈"的重要性，只对"子孝"提出更多的要求，最后导致"不养恩爱之心，而增威严之势"。

权利与义务的统一是道德的内在原则，调节着人与人、人于社会之间的相互关系。如果二者分离，必然会削弱他们原本的作用，从而引起混乱。《尚书》记载："于父不能字厥子，乃疾厥子……天惟与我民彝大泯乱。"这意味着父亲是家庭伦理方面的榜样，有着示范引领的作用，父亲如何完善自己的行为方式是家庭伦理的起始要求，父亲有义务承担教育子女的责任。饱读诗书的张居正深知只有自己先给子女一个良好的示范，先做到"父慈"，才能引导子女履行相应的责任和义务，子女才能反过来做到"孝"。《孝经·纪孝行》有云："事亲者，居上不骄，为下不乱，在丑不争。居上而骄则亡，为下而乱则刑，在丑而争则兵。三者不除，虽日用三牲之养，犹为不孝也。"就是说只有具备良好德行才能称为"孝子"，而不只是单纯奉养父母。可见父亲只有用心教育子女，使他们具有优良的德行，他们长大后"反哺"父母，才能做到真正的"孝"。

张居正勉励子女要砥炼品节，以西汉名臣万石君为榜样严格管教子女。"为了给子孙们树立良好的榜样，万石君对自己的要求非常严格：做官的子孙前来拜见他时，他一定要身着朝服接见，并且从不直呼其名；如果是和成年的子孙同席，无论多么轻松的场合，他都会正襟危坐……万石君认为，长辈的一言一行会深深地影响孩子的成长，严格的家教才能令孩子谨言慎行，见贤思齐，最终成为国家栋梁。"[2]张居正秉承先治家后治天下观点，他说："'礼以节文事亲，乐以乐之，又不越乎庸德之行。'何哉？盖殊事合敬，异文合爱者，礼乐之用。而爱敬之施，必始于家邦。然后举而措之天下，能四达而不悖也。"[3]"张居正的严格管教，让孩子们敬畏有加，他们每次拜见父亲，除非张居正主动询问，否则儿子们只是静静地站在一旁，一声不吭。每到深夜，张居正正襟危坐思考问题时，诸子无论壮少，都不敢上前侍奉父

[1] 王利器. 颜氏家训集解 [M]. 北京：中华书局，2002.
[2] 齐悦. 张居正的教子之道 [N]. 西安晚报，2018-12-9（10）.
[3] 张居正. 礼乐纪赞 [M]// 张居正全集. 武汉：崇文书局，2022.

亲。"[1] 儒家主张"生而养之，养而教之"。教养，是父母给孩子最好的礼物。张居正知道生育容易，而教养很难。"养"十分艰辛且繁重，需要养育子女有一个健康的身体，更要培养他们优良的德行修养。家庭不仅仅是一处容身之所，还要努力为子女营造一个健康明亮的成长环境，这是一种责任。"养不教，父之过。"因此养而不教，父母之祸；教而不善，父母之过。子女们优良德行修养的建立需要家庭教育的正确引导。

### （二）孝亲观

"孝"是儒家人伦思想的核心理念之一，"三纲五常"最基本的条目就是"孝德"。孔子讲："君子务本，本立而道生。孝弟也者，其为仁之本与！"所以儒家认为在家中积极行孝，社会就会稳定安宁。孝是儒家道德教育的基础所在，同时也是践行仁爱的根本所在。这种源于对先祖亡灵的怀念与追思的感情，逐渐扩展到对活着的长辈也要心怀感恩之情，在他们的有生之年报答其养育之恩，奉养与关爱他们。孝是最高的道德规范，被广泛运用以维护血缘关系和政治关系，因此"孝"是家庭道德和社会道德的结合体。孝作为儒家思想的代表，不同时代的儒家人士都有探讨。"《论语》中'孝'字出现了 19 处，《孟子》中直接谈'孝'字 29 处，《荀子》中有 47 处讲到'孝'；《孝经》作为一部专门以孝为研究对象的著作，使孝从孔、孟、荀等先秦儒家的零散讨论进一步理论化和系统化，分门别类地论述了不同社会阶层的人以及在不同的场合应持的孝道和孝行，使先秦儒家的孝道观念趋于成熟。"[2]

张居正继承了儒家传统思想，正如前篇所论述，张居正在子女的教育中极力做一位"慈父"，良好的教育环境培养了其子女优良的德行，他们都将父亲作为自己学习的榜样，儿子张懋修更是在父亲去世后将自己的往后余生全部放在整理归纳父亲的各类奏疏、诗文、评说等作品之上，足以可见父亲在他心中的重要地位。张居正这种积极的"父慈子孝"的家庭德育观，培养的是子女发自内心回报父母养育之恩的主动行孝。不仅如此，张居正还把自己对父母的"孝"传递给子女，起到了良好的表率作用。

张居正认为孝天经地义是德行之根本，贯穿于人生的全部过程。张居正的孝主要体现在奉养父母之上。奉养父母就是指子女对父母物质生活上的赡养。孟子曰："世俗所谓不孝者五：惰其四支，不顾父母之养，一不孝也；博弈、好饮酒，不顾父母

---

[1] 齐悦. 张居正的教子之道 [N]. 西安晚报，2018-12-9（10）.
[2] 吕红平. 先秦儒家家庭伦理及其当代价值 [D]. 保定：河北大学，2010.

之养，二不孝也；好货财、私妻子，不顾父母之养，三不孝也；从耳目之欲，以为父母戮，四不孝也；好勇斗狠，以危父母，五不孝也。"可见孟子把不奉养父母列为了最不孝敬的行为。张居正从小就非常孝敬父母，即便是官至首辅久居京城，他内心依旧牵挂着双亲，一直想尽奉养之责。"老父顷患甚剧，今虽暂愈，然闻动履尚属艰难……老母高年，内人又不知礼节，倘有不备，惟冀垂念凤雅。"[1] 万历皇帝见到张居正面容日渐消瘦，得知是其思念父母的缘故，于是特赐其父母衣物银两以示慰藉，这也反映出了张居正的孝心。万历皇帝安慰张居正："朕闻先生父母俱存，年各古稀，康健荣享，朕心嘉悦。"[2]

张居正继承了儒家孝亲的思想，把对父母尽"养"的义务视为理所应当，这种人之为人的自然本性，是回报父母养育之恩的基本道德要求。所以万历六年张居正回乡葬父后，考虑到母亲年事已高，体弱多病，为了更好地赡养母亲，张居正特地将母亲接到北京奉养尽孝。在回北京的途中，因为天气渐渐炎热，加之路途遥远，张居正特地上疏请示万历皇帝，希望皇帝能够宽假数月，待天气转凉之后再回京，其言辞恳切，无不透露出心疼母亲之情。张居正上疏写道："今葬事已竣，即宜遵奉前旨，同臣母星驰赴阙，图报国恩。但臣母今年七十有三，一向多疾，去年痛臣父殁，旧疾转增……奈今天气渐暑，道路阻修，高年多病之躯，岂能跋涉二三千里之远？"[3] 由此可以看出奉养是张居正孝亲观的核心内容。奉养父母就是从经济、生活上照顾好父母的饮食起居，让父母获得物质生活上的幸福，做到老有所养。

张居正孝敬双亲，但其父去世后并没有回乡守孝，造成了"夺情"的事实，这与传统儒家思想大相径庭。所以不少人都认为张居正"不孝"。而前文的论述已经从客观上展现了张居正对父母行孝的事实。因此，在"夺情"并不鲜见的明朝，不能一概而论地用"夺情"来评判张居正是否"不孝"。关于"夺情"是否意味着"不孝"将会在后面的章节中详细论述。

[1] 张居正.答司寇王西石[M]// 张居正全集.武汉：崇文书局，2022.
[2] 张居正.谢恩赉父母疏[M]// 张居正全集.武汉：崇文书局，2022.
[3] 张居正.请宽限疏[M]// 张居正全集.武汉：崇文书局，2022.

第三章　张居正伦理思想的特点

纵观张居正伦理思想，对比历史上其他人士，可以发现，张居正有自身鲜明的特点，对后世的伦理思想也产生了深远影响。

# 第一节　将儒家伦理与法家伦理融为一体

政治与伦理密不可分。"人类社会不存在无价值的政治。政治伦理作为人类社会政治文明的价值内核和价值基准，对人类政治文明的发展具有导向、规范和终极关怀的意义。中国 21 世纪社会主义政治文明的建设，需要政治伦理在以往发展的基础上，进行符合人类政治发展规律的现代建构，需要政治伦理发挥应有的价值规范和价值导向作用。"[1] 当人类社会出现"政治"这一概念时，"伦理"也随之产生。从古至今，道德都作为某种必须遵守的政治制度和政治行为而存在，所以道德观念和政治概念在很大程度上是相吻合的，这对相伴相随的概念总有着千丝万缕的联系。

社会存在决定社会意识。张居正所处的明朝，自正统以后腐朽与反动愈演愈烈，社会动荡不堪。张居正描述当时国家的状况是："惟夫将圮而未圮，其外巋然，丹青赭垩未易其旧，而中则蠹矣。"[2] 特别是自嘉靖开始，皇帝怠政，导致国家积弊丛生，危机四起。这个看似巍峨高大的明朝，其实内部早已腐朽不堪，长此以往，"将陵夷而莫之救"。[3] 当时明朝亟待解决的首要问题就是政治问题，所以张居正聚焦治国的纲领要旨与政治法度，古人将之称为"治体"。"张居正关心的是'合理治体'的延续性问题，他通过清理出一条清晰的历史脉络，将明代置于客观的社会和自然发展序列的一个特别环节上，为自己推行以'严苛'为特征的变革运动提供合法性的必然性保证。"[4] 张居

[1] 戴木才.政治文明的正当性——政治伦理与政治文明 [M].江西:江西高校出版社，2004.
[2] 张居正. 京师重建贡院记 [M]// 张居正全集.武汉:崇文书局，2022.
[3] 张居正. 京师重建贡院记 [M]// 张居正全集.武汉:崇文书局，2022.
[4] 高寿仙. 张居正政治思想阐释 [J].渤海学刊，1992（4）.

正所在的时代，主导思想是以孔孟为宗的儒家思想，平日学习的内容以及科举考试的内容也都是儒家经典。张居正一路科举考试到翰林院任职，老师也是阳明心学者徐阶，其后还担任万历皇帝的老师教其儒家经典之作，所以儒学对其影响不可谓不深。张居正继承了儒家思想的要义，构建了带有深刻儒家思想背景的伦理观。但时局的混乱给了踌躇满志的张居正当头一棒，一路践行儒家精神的他不得不重新思考该何去何从，中途心灰意冷而还乡休假。张居正基于对现实社会清醒而深邃的认识和思考后，针对国家治理的问题，不局限于儒家思想，而是大胆融入了法家思想，将儒家主张的用道德教化来治国的思想与法家主张的以法治国的思想结合起来使用，实现了"德治"与"法治"思想的有机融合，构建了儒家伦理与法家伦理融为一体的伦理思想体系，后人称他是"外儒内法"。

## 一、德治思想

儒家非常重视道德教化在国家治理中的作用，极力推崇以道德教化治国，认为人们经过道德自省和自律就会自觉成为"温、良、恭、俭、让"伦理信念的载体。德治思想是儒家主张和提倡的一种治世理论。

张居正肯定了儒家德治思想的重要作用，他说："若言建皇极，敬五事，兼三德，用八政，则诚万世治天下之大经大法也。"[1] 这是一个简括张居正治国思想的纲领，既包含着民族的精神价值，又有着个人修养的内容，他也以此为治国的大经大法，可见其是以儒家德治思想为治国理念的。张居正多次申明"国家明经取士，说书者以宋儒传注为宗"的既定方针，建议"其有剿窃异端邪说、炫奇立异者，文虽工弗录"。[2] 这体现了他试图以儒家经术统一思想的愿望，也包含着培养士德的期冀。当张居正把目光转向君主时，则像其他儒家知识分子一样，把"讲学"作为"君道"的第一要务，试图借此培养"圣德"，保证君主的行为履于正道。

一直以来，儒家都将"仁"作为做人的根本，"仁"也成为了衡量一个人品德修养的基本标准。"仁"作为伦理道德的最高准则，有着极高的社会地位。孔子认为"仁者，爱人"，在孔子看来，"仁"就是"爱"，而且单个道德个体的爱并不一定就会成就"仁"，"仁"是人与人相互之间的一种关系。孟子曰："道二，仁与不仁而已矣。"孟子认为"得道"就是践行仁的过程。所以孟子从仁者爱人出发，把仁规定为人的

---

[1] 张居正.杂著 [M]// 张居正全集.武汉：崇文书局，2022.
[2] 张居正.请申旧章饬学政以振兴人才疏 [M]// 张居正全集.武汉：崇文书局，2022.

本性，把恻隐"规定为仁之本性的情感发用"[1]。王阳明说："圣人之学，心学也。尧舜禹之相授受曰：'人心惟危，道心惟微，惟精惟一，允执厥中。'此心学之源也。中也者，道心之谓也；道心精一之谓仁，所谓中也。孔孟之学，惟务求仁，盖精一之传也。"[2] 随后阳明把"仁"与"良知"结合起来进一步阐述"仁"乃人性之本："仁，人心也；良知之诚爱恻怛处，便是仁，无诚爱恻怛之心，亦无良知可致矣。"[3] 可见，"仁"作为人自身最高的道德追求，培养"仁"德就能够做到"其用不穷"，也就把握了人之为人的根据。

张居正将"仁"作为自己人格养成的固有价值，认为仁爱的行为是一种出于天性的行为，仁爱之心应是永恒不变的道德追求，因此他常怀恻隐之心，仁爱之意溢于言表。当张居正看到农民的疾苦后，他在认同孟子所论述的"人皆有不忍人之心"的基础上，认为统治者应该推行"仁政"，君王也应具有仁爱之心。张居正认为君主以仁修身，不断激发自己"仁"的天性，成就美好的德行，其他臣子纷纷效仿，在这种上下心怀仁爱之心的伦理氛围里，何愁天下不安定。

儒家提出了"仁"思想，为了保证仁政得以推行，儒家又提出了"礼"的概念。孔子曾说："不学礼，无以立。""礼"是人立身之基础，作为中国传统伦理道德学说中的一个关键范畴而存在。自周公"制礼作乐"开始，礼乐制度就阐明了尊卑，确定了亲疏，纲常理论由此奠定。而"五常之德"就此成为了处理人伦纲纪的五个道德准则。作为"五常之德"之一的"礼"，规定了社会等级制度、道德规范和礼节仪式。孔子有云："君子义以为质，礼以行之，孙以出之，信以成之，君子哉！""仁"和"礼"是不可分割的，"礼"作为外在的制度约束，对内在的"仁"加以影响，"仁"和"礼"共同构成了德治的重要范畴，"礼"就是践行"仁"的手段。"故礼义也者，人之大端也，所以讲信修睦，而固人之肌肤之会，筋骸之束也；所以养生送死事鬼神之大端也；所以达天道顺人情之大窦也。故唯圣人为知礼之不可以已也。故坏国、丧家、亡人，必先去其礼。"[4] "礼"作为法律的补充具有着规范社会行为的作用。"仁政与礼治的关系在儒家的政治哲学思想里，不是并列的关系，更不是对立的关系，二者的关系是抽象和具体、原则和制度的关系。也就是说，仁是一种根本原则，礼是保证这一原则能得到切实贯彻的仪式或制度保证。"[5]

"礼"是社会等级制度、道德规范、礼节仪式的统称，规定了社会不同等级的

[1] 陈来. 仁学本体论 [M]. 北京：生活·读书·新知三联书店，2014.
[2] 王守仁. 象山文集序 [M]// 王阳明全集. 上海：上海古籍出版社，1992.
[3] 王守仁. 寄正宪男手墨二卷 [M]// 王阳明全集. 上海：上海古籍出版社，1992.
[4] 杨天宇. 礼记译注 [M]. 上海：上海古籍出版社，2004.
[5] 朱承. 治心与治世——王阳明哲学的政治向度 [M]. 上海：上海人民出版社，2008.

人所要遵循的规范，调节人与人之间的利益关系，有效防止纷争。"礼"更是社会人群的具体行为准则，从而达到有序治理国家的目的。正所谓："非礼无以辨君臣上下、长幼之位也，非礼无以别男女、父子、兄弟之亲，婚姻疏数之交也。"[1] 所以在儒家思想体系之中，"礼"作为国家的大经大法，是维持国家存在和运转的支柱，是一刻都不能缺少的。

张居正十分重视"礼"，首先他认为"礼"维护着整个社会处于繁荣稳定的有序状态。社会中无论大小事情需要按照"礼"推行并以"礼"节制之，"礼"有效地调节了人际关系，规范和约束社会个体成员。"礼"是人伦规范，是社会生活之中处理各种伦理关系时人人都应遵守的道德准则。只有人人守"礼"，等级制度才能稳固，社会秩序才能安宁。同时，"礼"也包含一切社会规范和典章制度，指导人们合理地处理君臣、父子关系，最后影响社会制度建设。总体说来，"礼"是治理国家的根本，人没有"礼"不能生存，事情没有"礼"不能成功，国家没有"礼"不得安宁；其次"礼"是君主必备的道德品性，君王应怀有恭敬之心，使行为符合规范的礼节，不越出道德规范。君主要按照"礼"的要求去对待臣子，反过来臣子才会以"礼"回之。"礼"是对当政者的道德要求，人君应该加强自身的修养，积极树立"礼"的榜样，引导社会道德风气，营造君臣相互尊重的和谐之风。如果君主自身道德修养不够，不能做到以礼待人，那么整个国家就无从治理。

有了仁与礼，如何最终实现德治？以孔子为代表的儒家人士主张"纳礼入仁""由仁及礼""由礼启仁"，这种将"仁"与"礼"相结合的方式，把主体内在德性与外在功业集于一身，实现了最理想的人格即"内圣外王"。"内圣外王"是儒家仁学思想的价值追求，也是儒家所追求的理想人格和政治抱负，以内圣外王为道德目标，最终实现德治。"内圣外王"的思想出自《庄子》："是故内圣外王之道，暗而不明，郁而不发，天下之人各为其所欲焉，以自为方。悲夫！百家往而不反，必不合矣！后世之学者，不幸不见天地之纯，古人之大体。道术将为天下裂。""内圣"强调的是理想人格，"外王"则体现出统治者的政治理想。"内圣外王"始于庄子，儒家思想中也包含了"内圣外王"的思想。"内圣外王"思想是儒家修身、行事之准则。儒家认为"圣人"是最高道德层次的人，是最高理想人格。"圣人吾不得而见之矣。"在孔子看来，"圣人"是很难看到的，所以只有诸如尧、舜、禹、汤、文王等才能称为"圣人"。虽然"圣人"难寻，但并不意味着不用加强德行修养，不为构建理想人格而努力。"德之不修，学之不讲，闻义不能徒，不善不能改，是吾忧也。"每

---

[1] 杨天宇.礼记译注 [M]. 上海：上海古籍出版社，2004.

个人都应该及时改正自己的过失或不善，积极加强自身修养，具体落实到个人修养上，就是儒家一直所倡导的"仁"。"圣人"是最理想的人格，引导个人"修己以安人"，后来发展为正心、诚意、格物、致知、修身，通过不断的道德教化先培养真正的"君子"，这些具有高尚道德情操与人文修养的"君子"构成了社会稳定的基石，也成为了国家道德风尚的引领者。"君子"治理国家，自然会使国家与社会走向文明与秩序。"使自我在人格上达到理想之境……正是成人（人格的完善），构成了孔子的价值追求，也正是在人格境界上，内圣与外王的价值理想开始得到了具体的落实。"[1]

那些拥有良好德行的先王，正是向尧、舜这样的圣人学习，遵循了"圣人之道"并按照礼法行事，"不越先王之礼法"，才有了凝聚天下的高尚品德，从而百姓安定，国家祥和。荀子强调："修百王之法，若辨白黑；应当时之变，若数一二；行礼要节而安之，若生四肢。要时立功之巧，若诏四时。平正和民之善，亿万之众而抟若一人，如是，则可谓圣人矣。"意在提醒后人谨遵先王之法。

"内圣外王"实际上就是"圣"与"王"的结合，包括了具有高尚人伦道德和精通政治法律制度规定。积极修炼好的德行，遵循祖宗之礼法乃是成为圣人的修行必经之路。而作为国家的王，其身上承载的是治理国家的责任。因此"王"实际上不仅包含了权力和势位的部分，还包括了个人道德和行为操守方面的要求。内圣外王中的"圣"强调了遵循"圣人之道"并按照礼法行事，形成凝聚天下的理想人格，从而百姓安定，国家祥和。所以理想中的"王"应该是"圣"与"王"天然的融合。以祖宗礼法为标杆积极修德崇德，从社会理想道德人格层面来说，圣人是德之极者，是道德范式中的最高等级了，"非圣人莫之能王"，所以只有为圣，才能为王。但从天下存亡、民众治理的角度来说，仅仅只有理想的道德人格似乎还不足够。想要达到极致，只能同时具备"圣"与"王"。因为圣人只是伦理道德的极致，而王只是治理国家和政治制度的极致，只精通社会政治制度和法律规定的人，与道德规范和人伦关系极致的圣人相异。所以理想人格既有高尚人伦道德，又精通政治法律规定。

作为万历皇帝老师的张居正，他为万历皇帝日讲、经筵的目的就是将君主培养成为内圣外王的明君。张居正不仅教授道德规范和伦理秩序，还积极培养皇帝精通政治制度和法律规定的能力。张居正深知只有将道德融入政治，才能产生重大而深远的影响。如果政治没有道德作为支撑，那么纲常伦理就会失去本来的意义，国家的长治久安将无法维持。所以只有先将自己的修为做好，才能成功地治理他人。张居正试图通过两方面的努力，真正将德治思想落实到位。

[1] 杨国荣. 善的历程 [M]. 上海：上海人民出版社，1994.

## 二、德治与法治的融合

封建社会初期，还未形成全国统一的封建政权，各诸侯国之间战争从未间断，社会陷入动荡不安的局面。在这社会转型初期，封建统治者争相通过各项改革与变法来促进生产力的发展，以适应生产关系。作为儒家弟子的荀子，针对礼崩乐坏、秩序混乱的社会状况，在继承儒家思想的基础上，批判性地吸收了其他各家之精华，创造性地提出了"隆礼重法"的思想。"隆礼重法"的主张是儒家与法家的结合，提倡既要遵奉礼治（即"隆礼"），还要重视法律的作用（即"重法"）。

荀子"隆礼重法"的思想来源于他的"性恶论"。荀子认为："人之性恶，其善者伪也。"人的自然禀赋，即"性情"，是恶的，需要后天人为的"善"来加以维持正常的秩序。荀子和以往认为道德来自天赋观念的儒家学者不同，他认为道德是后天教养得来的，人的有序行为是学习和改造的结果。荀子并不是一味地压制人的本性，相反，在他看来，人的本性就是追求利欲的，这样的观点从当时的社会来看是难能可贵的，这也从客观上释放了原本处于压抑状态的人之本性，让人的本性有了合理的诉求。既然人的本性是追求利欲的，那么就要"制礼义以分之，以养人之欲，给人之求。使欲必不穷乎物，物必不屈于欲，两者相持而长，是礼之所起也"。"礼"就是对人无限的欲望做出合理的限制，调节"人的欲望"与"物质的增长"使之达到平衡。荀子强调的"礼"一方面是人们日常行为的规范和标准，另一方面是治理国家的根本纲领和最高准则。而"礼"的遵守就需要有强制性的"法"来强化，所以荀子提出"隆礼重法"思想，"隆礼重法，则国有常"。

荀子"隆礼重法"的思想，其核心是"礼"并将其作为了治世之道的重点。这是荀子对儒家仁政思想的继承。关于礼的制定与实施，荀子首先主张遵从古代圣王的遗训，如果没有圣王的遗训，那么就循人心而求之。而对于不安分的人，一方面进行道德教化劝其改掉恶习积极向善，另一方面要以法威慑，使之不敢胡作非为。因此荀子将"礼法"并称，在顾忌现实的利欲与利益追求之中不遗忘道德，在"礼"的人文关怀与"法"的强制性之中求得两者的平衡。

张居正继承了荀子"隆礼重法"的思想，他把"礼"作为封建等级秩序构建的基础，在《陈六事疏》中就已经阐明当时社会由于"礼治"荒废，朝廷内外及国家秩序陷入混乱，而恢复以往"礼治"的想法。关于"法"作用，张居正认为"法"同样也是维护统治制度及国家稳定的重要手段。"法"是稳定社会秩序的有力工具，也是一个使国家机器正常运转的系统。所以治国应将"礼"与"法"结合起来，延续"隆礼重法"的思想来维护国家的长治久安。而且张居正"隆礼重法"的思想将"法"放到了更高的位置，更加强调"法"在实践中的效用，对"法"的重视程度远远超过了"礼"，有着明显的法家思想痕迹。在张居正看来，绝对不能对罪犯宽纵姑息，更不能胡乱实行"仁道"而让那些本受到罪犯伤害的家庭更加难受。那些违背天理的罪恶之人，本身就是"仁"所厌恶的对象，更是天地所不容者，所以一定要申明法令，除恶惩奸，这才是合乎天道的做法。

在提出"隆礼重法"的思想后，荀子又接着提出"王霸兼用"的思想，进一步将儒家伦理思想与法家伦理思想相结合。荀子同样赞成儒家提出的王道思想，他说："挈国以呼礼义而无以害之，行一不义，杀一无罪而得天下，仁者不为也，然扶持心国，且若是其固也。"所以荀子还是将王道作为了治国首选，按照礼义为核心的王道进行治国理政。但战国时期的各国争霸以及社会发生的巨大变革让这些大儒们不得不重新进行思考。各路诸侯争相而起，春秋五霸应运而生，取代周天子王权正是代表了霸道，所以大儒们也一定程度上认可了霸道，只是内心不寄希望于过多地用霸道进行治国理政。战国时期各国争霸的现状，王道已不再是取胜之道，所以荀子意识到了这一点，主张依靠霸道一统天下，结束战乱。荀子也基于人趋利避害的本性，以及为了利益而争夺的特点，提出王霸兼用的主张。"荀子认同霸道还在于霸道具有诚信的内涵，讲诚信也是重要的为政道德。"[1] 荀子说："故用国者，义立而王，信立而霸，权谋立而亡。"荀子看到了春秋五霸和秦国都是讲信用的，对五霸持肯定态度。霸道中的刑赏分明，权责明确，即使陷入不利境地时，霸主们也能严守信约，从实际效果来看也能聚拢民心，增强军力，这也是"德"的体现。所以乱世用霸道，一统天下之后实行王道，这种王道和霸道兼用的治国思想，才能够真正地达到统一天下，实现国家的长治久安。

张居正肯定了"王道"的作用。张居正赞赏忠、义、诚、信、智这中庸五德，认为能具备这种品德的人会被天下人所尊崇。"王道"观念也是张居正对儒家思想的继承。但与此同时，主张乱世依靠霸道一统天下后再以"礼"治国的"王霸兼用"思想也给了张居正不少启示。明朝积弊的实际状况让张居正在具体治理国家的实践中更加重视"霸道"。张居正认为天下的事情发展到了极致就会有所变化，根据这些变化我们应该找出解决问题的方法并加以解决，而不是一成不变地恪守那些已经不再适用的方法。"王道"是社会安定时候采用的治国方略，当国家处于混乱状况时，王道应该让位于霸道。

[1] 闫鑫. 试析荀子王霸兼用的思想 [J]. 晋中学院学报，2014（6）.

所以张居正基于"隆礼重法"与"王霸兼用"的思想,逐步开始了儒家伦理思想与法家伦理思想的融合。

## 三、治体用刚

张居正将儒家伦理思想与法家伦理思想进行了有机融合,但鉴于明朝混乱的社会状况,张居正最后更加突出了"法治"的作用,继而形成了"治体用刚"的思想。"百余年来或法弛人涣,或滥用苛酷,强梁者横行于城邑,贫弱者饮泣于原野。"[1] 此时国运衰败,混乱动荡的局面导致国家处于失控之中。此时的明朝亟待革除积弊,所以想要恢复以往辉煌盛世的局面,必须破旧立新,进行全面改革。"轻重诸罚有权,刑罚世轻世重,惟齐非齐,有伦有要。"刑罚的轻重要根据社会状况来决定。有鉴于此,张居正认为必须重振纲纪,以法治国,由此形成了"治体用刚"的思想。

张居正"治体用刚"的思想主张"治乱国,用重典"[2]。面对政治动荡,张居正坚定地认为必须要用武力镇压来平定天下。"今不曰吾严刑明法之可以制欲禁奸也,而徒以不欲率之,使民皆释其所乐而从其所至苦……明天子振提纲维于上,而执政者持直墨而弹之,法在必行,奸无所赦。"[3] 对于那些借圣人言论来阻挠执行法律的人,张居正进行了坚定的驳斥,再次强调了"法在必行,奸无不赦"的观点。一个国家要想治理好,必须要建立法制并严格执行。正所谓"君臣上下贵贱皆从法,此谓为治"。这是法家一直所讲求的实际政治效果,因为世事已经改变,决不能固守传统因循守旧。这种观点站在了"功利主义"的角度上将"治道"与社会实际状况紧密结合了起来,利用赏罚作为主要手段,依据人性之恶的本性制恶扬善。人们趋利避害,赏罚治理民众更是顺应了人的这种特性。张居正"治乱国,用重典"的观点体现了"法"作为国家意志对社会的导向作用。立法必重,执法必严,使得人人都不敢违反法的权威,不敢以身试法,无论是谁违法,都要被追究责任,以法进行了断。同时法的推行,使民众知道了法的权威性,知道避祸就福,法律也可以顺利推行下去,社会稳定也就会实现。

作为社会主流思想的儒家"仁义"理论,主张用仁义道德来规范人的行为方式,法家对此是反对的。"仁者能仁于人,而不能使人仁;义者能爱于人,而不能使人爱。是以知仁义之不足以治天下……圣王者不贵义而贵法,法必明,令必行,则已矣。"

[1] 韦庆远.暮日耀光:张居正与明代中后期政局 [M].南京:江苏凤凰文艺出版社,2017.
[2] 张居正.答两广殷石汀计剿广寇 [M]// 张居正全集.武汉:崇文书局,2022.
[3] 张居正.答宪长周友山言弭盗非全在不欲 [M]// 张居正全集.武汉:崇文书局,2022.

法家代表人物商鞅认为，仅仅明白仁义道德还不能治理好天下，更重要的是法律一定要明确，命令要得以贯彻执行，这样才能治理好天下。明朝陷于混乱的局面，在张居正看来一方面是"礼"的缺失导致道德的缺失，但更重要的是"法"的废弃不用或者"法"的不严明。法没有足够的威慑力，邪恶之事才会不断发生。同时法与道德教化是相辅相成的，只有法重，民众才不敢越雷池一步，自觉遵守法，久而久之不用刑罚民众也会为善，这就保证了道德的感化，所以使用"法"才是达到"礼"的必要手段。所谓"严治为善爱"[1]，这种严格的法治，其实也是对有错之人的爱护，使他们改过自新得以警惕威严而积极向善。"明主在上，所举必贤，则法可在贤。法可在贤，则法在下，不肖不敢为非，是谓重治。"法令掌握在有贤德的人手中，就能够有效推行，那些想为非作歹的人就不敢做坏事，这种治上加治的盛况，国家岂能不安定？"法必明，令必行"也构成了张居正治体用刚思想的核心。

而在法的制定与具体执行过程中，张居正也有着独到的见地。张居正认为，法的制定必须秉持立法为公的原则，这也是张居正德行修养的内涵所在。一切从国家的实际利益出发，以江山社稷安危为立法的首要前提，这是基于儒家德行修养的必然要求，也是法能有效实施的根本所在。之前张居正推行的考成法，就是遵循这一原则，因此取得了较好的效果。至于法的具体执行，张居正非常看重执法有信。"信"是儒家纲常范畴之一，其基本含义是指诚实、不疑、不欺，儒家非常重视"信"，这是人安身立命所要遵循的基本道德条目。张居正肯定了儒家思想中"信"的重要意义，主张治理国家必须讲求"信"，将其作为治国称霸之根本。因此法在具体执行过程中，遵循"刑重而必，不失疏远，不违亲近"，形成人们对于执法活动的信服力与认同感，进而自觉服从并尊重执法活动，实现法的作用。由此看来，张居正的治体用刚思想，还包含着儒家思想的精髓。

综上所述，张居正一方面强调德治的重要作用，另一方面将法治作为治国理政的重点。由此张居正实现了儒家伦理与法家伦理的融合，从而礼刑并用，恩威并施，这种建立在法治思想上的治国理念是张居正一直所推崇的，也成为了张居正伦理思想的特点所在。

---

[1] 张居正.答应天巡抚胡雅斋言严治为善爱 [M]// 张居正全集.武汉:崇文书局，2022.

## 第二节　将富国与利民有机结合起来

　　将道德教化与法治结合，使人们都能合理地约束自己的行为，为国家治理营造了稳定有序的环境。但是有了稳定有序的环境，还需要有大量的物质保障，以此解决国家事务中各方面的现实问题。因此在国家治理的整个过程之中，还需要为国家和民众提供坚实的物质基础，保障国家运行与民众生活之所需，最终实现国家的安定和谐。所以张居正提出"将富国与利民有机结合起来"的伦理思想，倡导富国是前提，而后利民，为创造国家财富及满足人民所需创造条件。

### 一、富国思想

　　《商君书》说："故治国者，其抟力也，以富国强兵也。"商鞅主张治理国家要汇聚民众的力量，目的是使国家富裕军队强大，这样国家才能长治久安。张居正继承了商鞅的主张，基于明朝的混乱局面（即："一是地方预备仓败坏，遇到灾荒时难以有效救助；二是国家由于物资、财源匮乏，对救荒力不从心。"[1]），张居正提出："根本固者，华实必茂；源流深者，光澜必章。"[2] 张居正认为解决了国家的财政状况，国家富裕了，军队自然就会强大，国家的问题就会得到根本解决，从而民众的生活问题也能得到解决。因此，富国是前提，国家财政状况的好与坏决定了民众的生活水平，事关国家的稳定大局。国家富强，可以为民众提供稳定的外部环境与保障，而后大力解决民生问题，实现

---

[1] 南炳文，庞乃明. "盛世"下的潜藏危机——张居正改革研究 [M]. 天津：南开大学出版社，2009.
[2] 张居正. 翰林院读书说 [M]// 张居正全集. 武汉：崇文书局，2022.

利民最大化，最终国家稳定，民众安居乐业。而富国的关键就是广开财源。

之所以张居正会主张先富国，还是基于当时特殊的时代背景。在当时那个年代，国防动荡不堪，民不聊生，导致农民起义频发，再加上朝政混乱不堪，使得明朝的统治摇摇欲坠。国家稳定是民众安定的前提，而纵观世界历史，经济的发展、人民的富裕，都离不开稳定的环境。一个动荡混乱的国家，相伴相随的必然是民不聊生、生灵涂炭，如此境遇之下，民众何谈安定。所以想要保持稳定的政治环境和社会秩序，实现民众的安居乐业，根本途径就是富国，让国家拥有强大的实力。

富国就是使国家经济繁荣、富足起来，然后实现利民。作为主体的国家要有正确的发展道路，采取符合社会经济发展规律的政策，用制度保障国家的有序发展，才能将社会所蕴藏的潜力发掘出来，最后实现利民最大化。而当时的明朝，商品经济已经出现，伴随着商品经济的繁荣，极大地推动了白银货币的流通，促使人们通过交换活动各取所需，商业流通越来越频繁。商品流通对国家经济发展有着重要的影响，这种以货币为媒介的连续不断的商品交换活动，随着交换的深度和广度的不断升级，商品流通的市场越加扩大，交换的商品种类不断丰富，范围不断扩大，从粮食、棉花到人们日常生活中的各类商品。

从整体上看，国家对经济的发展有宏观调控的权力，可以有效规范市场秩序。因此当时国家对于日趋发展的商品经济的态度事关整个国家经济发展大局。为了进一步扩大国家收入来源，实现富国的目标，在以往的明朝社会之中，与少数民族的"互市"起到了显著的效果。这种天然的交换方式一方面可以稳定汉族与其他民族的关系，更重要的是可以为交易双方带来利益，基于"交换的互利意义"的商业交换行为是一种天然的合道德性的行为，是人们内心物质需求的体现。边境少数民族不能自己生产盐、铁、布等生活必需品，只能靠中原提供，所以互市能使得他们生活资料得到充分的补给，这也增加了明朝的财政收入。

管子以"服牛辂马，以周四方；料多少，计贵贱，以其所有，易其所无，买贱鬻贵。是以羽旄不求而至，竹箭有余于国；奇怪时来，珍异物聚"的思想构建了适应社会发展的商业模式。中国封建社会是"以农为天"的，在以农业生产获取生产和生活资料、实现国强民富的根本条件下，商业的交换行为还可以从促进和激励农业生产发展的角度获得道德上的支持。[1] 明朝与少数民族地区的互通有无，极大弥补了明朝自身对某些领域自己无法生产的物质资料的需要，例如互市后马匹的大量购入，解决了马匹缺少的问题。管子曾提出："有山处之国，有泛下多水之国，有山地分之国，

---

[1] 唐曾 . 管子经济伦理思想 [D]. 南京 : 东南大学，2005.

有水洗之国，有漏壤之国，此国之五势，人君之所忧也；山处之国，常藏谷三分之一，泛下多水之国，常操国谷三分之一。山地分之国，常操国谷十分之三，水泉之所伤，水洗之国，常操十分之二。漏壤之国，谨下诸侯之五谷，与工雕文梓器，以下天下之五谷，此准时五势之数也。"所以，可以充分利用商业的交换来获取财富，弥补自然环境造成的农业生产不足，满足人们生活必需。

但嘉靖隆庆时期，由于国家政局的混乱状况及边防战事的节节败退，使得明朝与少数民族之间的贡市时断时续，到张居正担任首辅前，贡市一直处于中断状态。这时少数民族又重新提出封贡互市的要求，所以张居正积极倡导封贡互市，不仅主张封蒙古俺答以王爵，还要求重启互市相关事宜，在张居正等人的努力下，终于在隆庆五年于山西等地陆续开启互市。通过官方与民间的两种互市方式，"中国以段匹皮物市易虏马，虏亦利汉财物，贸易不绝"。[1] 明朝与蒙古地区的经济联系日趋紧密，边疆局势日益稳定。为了进一步扩大互市的影响力，张居正鼓励王崇古等边防将领积极奉行互市主张，通过互市，"明朝收购了大量马匹，加强了军队的战斗力。用百姓交纳的马价银去购买蒙古马，每匹价格大约比内地马价低一倍，大大增加了财政收入。明朝对蒙古马匹的需求量增大，也大大促进了蒙古畜牧业的发展。由于明朝在马市上实行以银计价，以布易马的办法，一匹蒙古马大约能值四十六匹江南布。所以，购马数量的增长必然带来绫布需求量的增长。隆庆五年开市时，用布三十二万余匹。万历元年增至八十七万余匹，万历四年更增至一百二十四万余匹。此后直到万历十年前后，大体上维持在每府年用布百万匹左右。可见，互市还促进了江南棉纺织业的发展"。[2]

商品市场的繁荣促使交换活动日益频繁，与少数民族之间的互市明显提升了明朝经济水平，增加了国家财富。同时，随着交换市场的逐渐扩大，越来越多的人可以在交换市场中进行商业活动，这就打破了以往大多只能依靠农业发展国家经济的局限。交换市场扩大，国家从中可以大量收取赋税，较之以往只能依靠农业进行实物收税相比，这种方式收税在人员、运费上都减轻了很多，而且农业产品也可以在交换市场进行交换，反过来又促进了农业的发展，最终更大程度地实现了富国。

[1] 张居正.张文忠公行实[M]// 张居正全集.武汉：崇文书局，2022.
[2] 肖少秋.张居正改革[M].北京：求实出版社，1987.

## 二、利民思想

民众即群众，是国家内部重要的组成部分，决定历史发展的就是"行动着的群众"。[1] 民众安于生活，君主的王位也就安定了，国家也就安定了。"君者，舟也；庶人者，水也；水则载舟，水则覆舟。"所以"民本思想"就是将民众作为国家的根本，根本巩固了国家才能安宁。民本思想是中国古代治国理政中将民众作为治国安邦根本的主张。"皇祖有训：民可近，不可下。民为邦本，本固邦宁。"这是儒家一直倡导的亲近民众，从而不断解决人民最关心最直接最现实的利益问题，努力让人民过上更好的生活。"臣窃闻之：'邦以民为本，民以食为天，财者食之原'也。故治国之要，必先养民；养民之要，必先薄赋。"[2] 所以首先解决民众衣食饱足的问题，而后礼义才会兴旺，礼义兴旺而后教化才能得到落实，天下才能太平。这是从人最本质的特点出发解决人的最实际的问题。

张居正内心肯定了儒家"民本"思想的积极意义，赞成"民为邦本，本固邦宁"的说法，他认为："《书》曰：'民为邦本，本固邦宁。'自古极治之时，不能无夷狄、盗贼之患，唯百姓安乐，家给人足，则虽有外患，而邦本深固，自可无虞，唯是百姓愁苦思乱，民不聊生，然后夷狄、盗贼乘之而起。盖'安民可以行义，而危民易与为非'，其势然也。"[3] 张居正的民本思想，绝不仅仅是功利性地满足解决国家统治的内部稳定之需要，而更多的是出于对民众的拳拳眷恋之心，才会怀有着仁爱之心，进而时刻牵挂民众疾苦。张居正出身低微，让他对劳苦大众有着深深的感情，所以积极解决民生问题是他一直以来的追求。张居正感言："攘袂再三起，向我夸耕桑。体貌虽村愚，言语多慨慷。世儒贵苛礼，文缛意则凉。大羹不俟和，素质本无章。感此薄流俗，侧想歌皇唐。"[4] 作为读书人的张居正从自己亲身经历出发，亲力亲为地接触到了广大民众的实际现状，真正体会到了民众的疾苦，所有才会有发自肺腑的民本思想。

张居正的民本思想致力于维护民众的现实利益，满足民众的生活所需，让民众能够安稳生活。恩格斯指出："人们自觉地或不自觉地，归根到底总是从他们阶级地位所依据的实际关系中——从他们进行生产和交换的经济关系中，获得自己的伦理观念。"[5] 道德水平的高低主要是由社会经济关系决定的。经济的发展带来了民众

[1] 马克思，恩格斯 . 马克思恩格斯全集：第二卷 [M]. 北京：人民出版社，1958.
[2] 张鲁原 . 中华古谚语大辞典 [M]. 上海：上海大学出版社，2011.
[3] 张居正 . 陈六事疏 [M]// 张居正全集 . 武汉：崇文书局，2022.
[4] 张居正 . 暮宿田家 [M]// 张居正全集 . 武汉：崇文书局，2022.
[5] 马克思，恩格斯 . 马克思恩格斯全集：第九卷 [M]. 北京：人民出版社，2009.

生活水平的提高，社会也会随之进步。"仓廪实而知礼节，衣食足而知荣辱。"民众的文明程度是建立在物质丰富的基础上的，而人们知道荣辱声誉也是因为有丰衣足食作为基础。经济基础决定上层建筑，物质财富为伦理关系的建构提供了现实的内容。"正当的伦理关系是人们在物质财富的创造积累、分配和消费使用中提炼并且规范和指导着人们的物质财富行为，使得人们的创造、分配和消费使用财富行为具有合理性和正当性，激发人们的创造活力。另一方面，现代财富活动又丰富了伦理道德规范的内容，为伦理关系提供了新鲜的血液，促进了人们的财富认同感和文化认同感，从而使社会发展与财富增长健康和谐。财富给伦理丰厚的内容，伦理为财富规定方向，两者统一于财富的社会实践中，和则美离则倾，缺一不可，弱一不可。"[1] 所以民众的生活状况反映了国家的生存状况，民众的富裕程度体现了社会道德水平的高低。

随着社会经济的发展，儒家学派越来越重视"经济"的作用，开始追求"经世济民"，这种"经世济民"的入世主义让他们将不断满足民众的衣食生活需要作为基本前提和目标，解决民生问题作为了儒家人士从政的第一要务。儒家认为富民是解决社会经济问题的关键所在，民众是否能够安居乐业丰衣足食，直接关系到治国平天下的实现。管子曾说："凡治国之道，必先富民。民富则易治也，民贫则难治也。奚以知其然也？"管子主张利民富民，君王治理国家首先要保证民众富裕，然后才能治理国家。孔子评价管子这一观点说："桓公九合诸侯，不以兵车，管仲之力也。如其仁！如其仁！"由此可以看出孔子对管子的富民观持肯定态度，他认为当政者实现了国家的强大，民众的安定富裕就是实现了最大的"仁"。所谓"贫而无怨难，富而无骄易"，当民众处于贫困的窘迫境地时，怨恨之心就会产生，如果处于富裕的生活状态，民众自然就会遵守应有的道德准则。

张居正主张先富国，以此为民众提供稳定的外部环境与保障。但张居正有着感同身受的爱民情节，正是因为有了对民众的爱，所以张居正才会如此认同民本思想并积极践行。爱民才会利民，张居正发自内心地爱民，才会时刻牵挂民众，才会主动从解决民生问题出发，不断采取各种措施利民，让国家富裕的成果惠及民众，满足民众生活之所需，提升民众的生活水平，实现利民最大化，最终实现民众的安居乐业。在张居正看来，富民就是最大的利民。

一直以来，儒家对民生问题的关注汇集成为了"藏富于民"的思想。"孔子主张藏富于民，认为富民是富国的前提和基础。他不反对人们追求财富，认为凡是合

[1] 陈世民. 论财富伦理——关于财富的经济伦理学考察 [D]. 长沙：湖南师范大学，2010.

乎道义的财富，便是可以追求的，而且是应当追求的。"[1] 只要没有违背原则而追求的财富是合理的。"子适卫，冉有仆。子曰：'庶矣哉！'冉有曰：'既庶矣，又何加焉？'曰：'富之。'曰：'既富矣，又何加焉？'曰：'教之'。"孔子还认为，执政者应该创造必要的条件，让民众拥有固定的产业，能够赡养父母、养活妻儿，把尽力使民众富裕起来作为执政者的基本职责，这样安定环境之下的民众自然会按照道德规范行事。

想要达到富民的效果，不仅要创造各项条件积极开拓富裕民众的渠道，同时还要减轻民众的负担，为民众生活富裕创造条件。如何减轻民众负担，首先就是要减轻民众所承担的赋税。因此通过减免以往民众的赋税可以极大地起到惠民的效果，更会促使民众自愿追随君主，由此获得国家的安定。其次就是要节省费用。荀子曾经提出过"节用裕民"的主张："足国之道，节用裕民，而善臧其余，节用以礼，裕民以政。彼裕民，故多余；裕民，则民富。民富，则田肥以易；田肥以易，则出实百倍。上以法取焉，而下以礼节用之。余若丘山，不时焚烧，无所臧之。夫君子奚患乎无余？"古代社会由于生产力水平低下，社会物质财富与人们的消费需求之间差距较远。这就要求国家要按照规定节省费用，使民众有积蓄，这样他们在经济上宽裕了，才有力量投入生产，把田地种好管理好，这样粮食产量才能增长。反之如果不节省费用，放纵对民众的搜刮，就会透支民众积蓄，无力管理好田地，最后导致民众困苦，田地贫瘠，产量降低，影响国家的财政收入。因此节用是缓解财政危机的一个应急手段，可以通过节用来达到民安本固的目的。

之前的明朝，皇室成员对国家资源肆意消耗，大量增加了民众的负担，民众连最基本的生存问题都无法解决，民不聊生的惨状让张居正倍感痛心。张居正说："天地生财，自有定数。取之有制，用之有节则裕；取之无制，用之不节则乏。"[2] 因此张居正首先将"节用"作为利民的重点，他从减轻民众的负担入手，通过"节用"来节省国家经费开支，从限制包括皇帝在内的皇家奢侈性消费、实行精兵简政、整顿驿站三个方面采取具体措施，真正意义上起到了"利民"的实际效果。

天下的财富是有限的，所以人们看待财富的态度尤为重要。每个人的行为应是符合理智的，这样才能称为是有道德的。一旦人的行为只是从情欲出发，一味地满足自己的欲望，那么就会有悖于道德的准则。"一个人的较好部分统治着他的较坏部分，就可以称他是有节制的和自己的主人。"[3]

[1] 姚才刚，樊兰兰. 先秦儒道墨的民生观及其当代价值 [J]. 湖北行政学院学报，2010（5）.
[2] 张居正. 论时政疏 [M] // 张居正全集. 武汉：崇文书局，2022.
[3] 柏拉图. 理想国 [M]. 北京：商务印书馆，1995.

为了更好地起到表率作用,张居正自己也积极落实节用思想。张居正贵为首辅,很多官吏想讨好张居正,以求得官场的平步青云,这是当时官场心照不宣的事情。但张居正不为所动,一方面出于其廉洁奉公的性格特点,更重要的是他真切感受到节制的重要性。湖广巡抚汪道昆、郧阳巡抚凌云翼提议在张居正老家为其建立牌坊,张居正回信力辞。其实为官员建坊是明朝非常荣耀的一件事情,牌坊是古代社会为表彰功勋、科第、德政,以及忠孝节义所立的建筑物,昭示家族先人的高尚美德和丰功伟绩。张居正深知建坊需要花费大量资金,并且还要动用大量人力物力,为了节约,张居正推辞掉了这些事情。而对于皇帝对自己的赏赐,张居正也并不贪心,多次辞掉皇帝的封赏。隆庆六年,万历皇帝刚即位,由于张居正办理故君丧事及辅佐万历皇帝有功,万历皇帝加授他左柱国等荣誉并恩及其子,还附有大量钱物的赏赐。张居正推辞,但皇帝继续坚持赏赐,张居正前后一连三次推辞皇帝的赏赐均未获得同意。"前后所奏,字字皆出于肺肠,句句直陈其悃愊。诓意犬马之诚,不能动天……且赐敕奖谕,盖以臣为廉,而奖之以示劝也。"[1] 直到第四次上疏辞恩,皇帝才只给予张居正本人奖励而没有加恩于张居正的儿子。可以说张居正克制了自己的欲望,为朝中上下起到了很好的带头作用。

张居正基于民本思想,表现出了对民众的深厚感情,进而从减少政府的各项开支入手,一一加以清理,在生产力并不发达的时代遵循了节用的原则,有力地减少了政府部门不必要的开支,切实起到了节约资源的作用,减轻了人民的负担,起到了利民的实际效果。

## 三、富国与利民的统一

张居正主张富国是前提,而后实现利民最大化,这就把富国与利民统一了起来。

"商品经济是以交换为目的、包含商品生产和商品交换的经济形式。商品经济是在自然经济基础上产生的、与自然经济相对应的经济形式。"[2] 商品经济是商品的生产、交换、出售的总和,内在包括商品生产和商品交换。其中,商品交换是商品经济的重要内容,在商品经济中有着举足轻重的地位,在国家经济中的比例不断提升。商品经济从产生的历史上来看是社会生产力发展之后的自然产物。商品经济要求商品生产者之间基于等价交换的原则进行商品交换,因此其具有很强的自主性,

[1] 张居正. 四辞恩命疏 [M]// 张居正全集. 武汉: 崇文书局, 2022.
[2] 逄锦聚. 政治经济学 [M]. 北京: 高等教育出版社, 2010.

充满生机与活力，有力地推动了社会生产力的发展。随着世界资本主义萌芽兴起，从明朝中叶开始，中国也有了资本主义萌芽。"当时，吴中（即浙江东南地区）乃是明代商品经济最为发达的地区，也是国家财政收入的重要源头之一。"[1] 这股自嘉靖时期开始掀起的资本主义之风，虽然只出现在了部分区域和部分生产部门，但这毕竟是适应社会生产力发展的产物，是社会经济发展到一定水平的产物，具有显著的社会进步意义。

商业的发展带来的是国家收入的显著提升。张居正主张大力发展商业，通过构建交换市场，中原实现了与少数民族地区的互通有无，极大地弥补了中原地区生产的不足，节约了大量资金，增加了财政收入。富民就是最大的利民，因此要想改变民众的生活状况，自然是按照商品经济的发展规律，加大发展商品经济的力度，使民众生活富裕。张居正这种"和合互利"的思想，实现了国家与民众共同的富裕。

其实管子很早就提出过"万人之所和而利"的理论。管子说："而市者天地之财具也，而万人之所和而利也，正是道也。"在管子看来，市场是商品交换的场所，也是财物聚集的场所，要充分发挥市场的作用，让万民都在市场中进行商品交换活动，使他们都在市场中交易而获利。通过商业的交换活动，交换双方都获得了利益和好处，民众可以用自己的剩余劳动产品换取自己生活所需品和生产必需品，满足了管子所论述的人性中的"凡人之情，见利莫能勿就，见害莫能勿避"，即认为人性都有欲利而恶失的特性，互相符合自身利益的商业行为具有道德合理性，而且这样的交换活动，不是对某个人有益，而是对"万人"，即"大家"有益，通过交换，"皆以其所有易其所无"，即可获得所需，大家互相有利。各人所需之物可和平交换而得，因而无需暴力、掠夺；若没有'市'，彼此之需得不到交换满足，即可能采取偷窃、抢夺等手段达到目的，那首先是不和的，也必然是不利的。[2] 从伦理学的角度来看，民众的需求如果可以通过在市场中进行交换活动而得到满足，必然会安居乐业。但是如果民众的需求得不到满足，势必会造成生活上的不便，暴力、掠夺等违法行为也会随之出现，最终必然直接影响社会生产，带来诸多不良后果。

从宏观上看，国家具有经济调控的职能，可以对整体的经济活动进行引导。国家的财政收入主要来源于民众，而民众收入的多少又得益于国家的整体经济政策。可以说富国与利民是紧密相连的。人性中有趋利避害的本性，也有满足自身生存需要的迫切需求，这是人之为人的本质属性，符合人的自身发展需要。所以这就要求

[1] 唐凯麟，陈科华. 中国古代经济伦理思想史 [M]. 北京：人民出版社，2004.
[2] 周俊敏.《管子》经济伦理思想研究 [D]. 长沙：湖南师范大学，2002.

国家要正视这种人性，承认并且满足人们的求利欲望，将顺应这种人性运用到国家的经济治理之中，这样才能达到富国利民的社会目标。

富国与利民的相结合，是社会经济发展的着眼点，可以最大限度地发挥人们的生产积极性和主观能动性，为国家创造更多的财富。以往道家所提倡的"寡欲""无为"等思想，对人的自然本性加以简单的否定和干涉，并认为这是道德上的"恶"，因此不能加以满足。这无疑会降低人们的积极性，不利于人的健康发展，最终影响优良德行的培养。因而在经济活动中，国家要正视人的欲望，正确引导人的欲望，为富国创造条件，最终实现富国与利民，营造出良好的社会道德氛围。

明朝商业的大力发展对国家与民众都产生了显著的效果，国家与民众的财富都得到了有效提升。张居正正是看到了商业活动的重大意义，其大力推进的一条鞭法改革，就是为了削弱民众的人身依附关系，使民众获得更多自由活动的权利，从而可以从事其他行业的工作。明史专家樊树志认为："尽管如此，用历史发展的眼光来看一条鞭法，不能不认为它在赋役发展史上是一大进步。一条鞭法把各种徭役折成银两，与田赋结成一条总数，统一征解，使赋役简单化。所谓通计一省丁粮均派一省徭役，即按比例分别把徭役的折色摊到丁、粮上，比较而言田多粮多者出银就多些。就事论事，不能不说是相对合理化了。而赋役以银两（货币）作为计算单位，则是符合当时整个社会商品经济发展的总趋势的。"[1] 更重要的是一条鞭法规定可以折银交税，让民众在缴纳赋税后可以比较容易地离开土地的束缚，有了更多的自由空间去从事雇佣劳动或成为私营手工作坊主，进入各行业进行生产活动，这就使得他们手中多余的生产资料越来越多。而赋役货币化让农产品可以通过市场去交换和流通，然后换成货币进行纳税，促进了农产品与白银之间交换的流动性，商品交易市场应运而生，实现了农产品进入市场进行交换活动的可能性，商业模式初步形成，为商品经济的形成和发展提供了有利条件。而且一条鞭法给了那些没有土地的工商业者更多的空间，规定他们可以不纳税银，使得他们可以在市场中进行更多的交换活动。一些人看到了交换过程中可能产生的差价，交换活动有利可图就显现出来。一部分农民就开始专门从事商品交换活动，商业行业自然而然地形成。这实际上鼓励了这一部分工商业者的发展，也有利于同生产相结合的新型工商业者队伍的壮大，从而推动了商品经济向前迈进，而商品经济的繁荣也促进了白银货币的流通。

商业的不断发展，亦改变了以往人们对经济发展的固有认识。一直以来，农业都是国家的支柱，这种以自给自足为主体的自然经济社会，将农业作为经济发展的

---

[1] 樊树志.一条鞭法的由来与发展——试论役法变革 [M]// 王毓铨.明史研究论丛.南京：江苏人民出版社，1982.

根本命脉，农业的兴衰决定着国家的命运，因此实行了重农抑商的政策。如此重视农业，是由于当时的生产力还比较落后，投入到社会生产的劳动总量有限，如果过多地发展商业，有可能引起众人弃农经商，荒废农田，最后直接导致农业的衰败，后果非常严重。但过度强调农业，限制了商业的发展，使得国家经济来源过于单一，对实现富国形成了阻碍。

早在先秦时期管子就多次提出"重本饬末"的伦理思想，即："计凡付终，务本饬末，则富。"农业关系着民众衣食的需要，这是民众生存的基础所在。马克思也说："一切人类生存的第一个前提，也就是一切历史的第一个前提，这个前提就是：人们为了能够创造历史，必须能够生活，但是为了生活，首先就需要吃喝住穿以及其他一切。"[1] 受以往生产力发展客观水平的制约，以农为本的经济思想有着其历史必然性。农业生产可以直接满足民众的基本生活要求，所以农业自然成了国家的经济命脉，而商业只是农业的辅助行业，只有在农业发展的基础上才得以展开。在那个时代，对于农业和商业的相互关系，大多人认为拥有了发达的农业才能发展商业，而离开农业的商业，将会变成无水之源而难以存续。商鞅也曾提出："治国之要，故令民归心于农。"按照商鞅的构想，他实施了"使商无得粜，农无得籴""重关市之赋""农逸而商劳""食贵，籴食不利"等措施限制了商业资本的发展。有相当一部分统治者认为，民以食为天，只要重视农业生产，满足人们的基本生存需要，就解决了所有问题。他们大多认为唯有农业才具有生产财富的价值，忽略了商业也可以创造财富价值的事实，商业活动无法得到他们的重视。

战国时期重视农业生产，将农业和与之相结合的家庭手工业作为"本"，将商业活动作为"末"，继而发展农业成为了发展国家经济的首要工作，这在当时来看无疑是正确的，这一思想也成为了古代社会的主流思想并一直影响着后世。但到了明朝以后，商业的蓬勃发展已经是大势所趋，这就客观上要求必须重新对农业与商业的关系进行思考。

随着明朝生产力的发展，制糖、酿酒、制盐、冶炼、造船、建筑等各种行业，在工具、技术水平及产量方面都有了显著的进步，充分体现了劳动人民的智慧和才能，反映了社会物质生产的繁荣；同时也显示出手工业生产形态内部的变化——即手工业逐渐脱离农业而独立，从农民经济中日益分离出新式手工业、家庭手工业，日益变为独立手工业，最终促使新型生产关系的萌芽。生产的发展、工农业的进一步分工，为封建社会内部商品经济的繁荣开辟了广阔的道路，其主要标志之一，就

---

[1] 马克思，恩格斯．马克思恩格斯全集：第一卷 [M]．北京：人民出版社，1958．

是这一时期国内大小市场与商品流通扩大，城镇人口增多，而且繁荣昌盛。[1] 随着商业的发展，人们越来越认识到商业同样也是国家重要的经济部门，与国计民生同样密切相关。

根据史料记载，明朝已经有了资本主义生产方式的萌芽，商品经济的出现表现出利国利民的特点。商业活动的逐渐繁荣，客观上增加了国家财政收入，促进了国民经济的发展，这些作用是显而易见的。而随着商业的不断发展，国内市场日趋活跃，大量民众积极参与商业活动，民众收入提高，这也使明代经济发展呈现出了新气象。

张居正内心深知农业的巨大作用，同时也看到了商业发展为国家和民众富裕带来的巨大效益，所以他首先肯定了农业的积极作用："古之为国者，使商通有无，农力本穑。商不得通有无以利农，则农病；农不得力本穑以资商，则商病。故农商之势，常若权衡，然至于病，乃无以济也。"[2] 同时张居正对农业与商业的关系有了新的认识。张居正从根本上否定了以往"重本抑末"伦理思想，创造性地提出了"厚商而利农"的伦理思想。张居正具体解释道："故余以为欲物力不屈，则莫若省征发，以厚农而资商；欲民用不困，则莫若轻关市，以厚商而利农。"[3] 这是张居正对农业与商业之间的关系进行的新的解释。张居正认为商业和农业作为社会分工的必然趋势，对于社会经济发展各自有着特殊的作用，这种作用又表现为一种互补的形式。如果商业不发展，则会影响到农业的发展，反之亦然。农业与商业的关系就如秤锤与秤杆的关系，不可分割。[4] 张居正"厚商而利农"的伦理思想将商业与农业并重，突破了以往"重本抑末"伦理思想的局限性，顺应了时代的发展趋势。一方面，张居正将农业看作社会发展的重要方面，突出了农业在社会发展中的根本地位，将农业生产与国家的兴衰联系起来，他指出："农，生民之本也。周家用稼穑兴王业，即治天下国家，同亦由力本节用，抑浮重穀，而后化可兴也。"[5] 另一方面，"厚商而利农"，通过商业的互通有无，极大地缓解了农业生产的压力，降低了农业的生产成本，还促使一部分人将剩余的商业资本投向土地，从而更加有利于农业生产。反过来，农业生产的提高不仅为社会提供了物质生产资料，直接满足了人们的生存需要，同时也为商业提供了可交换的生产资料，从而又促进了商业的发展。

农业与商业皆是国家经济发展之本的伦理思想有着巨大的进步意义，根本上改变了人们以往对农业—商业关系的认识，让农业自然而然地朝向商业流动，这是当

[1] 娄曾泉，颜章炮.中国历史大讲堂——明朝史话 [M].北京：中国国际广播出版社，2007.
[2] 张居正.赠水部周汉浦榷竣还朝序 [M]// 张居正全集.武汉：崇文书局，2022.
[3] 张居正.赠水部周汉浦榷竣还朝序 [M]// 张居正全集.武汉：崇文书局，2022.
[4] 唐凯麟，陈科华.中国古代经济伦理思想史 [M].北京：人民出版社，2004.
[5] 张居正.学农园记 [M]// 张居正全集.武汉：崇文书局，2022.

时社会进步的重要标志。张居正以"厚商而利农"为指导，农商并重，在满足农业发展的同时极大地促进了商业的发展，增加了国家财政收入，促进了经济的发展，同时也使民众得到了实惠，这就实现了富国与利民的有机统一。

## 第三节　具有较强的功利主义色彩

张居正主张应该将可能产生或已经产生的实质性效果作为价值评价标准，这体现出张居正伦理思想具有较强的功利主义色彩。"按照功利主义观点，一个人的行为道德与否取决于它的效果是否符合社会上绝大多数人的最大愿望和要求，或者说最大利益。"[1] 张居正注重修身克己，秉持更求实效的实践精神，并且以多数人的利益为价值追求，将实现整体利益最大化作为其中心思想。

### 一、功利主义的国家治理观

北京大学哲学系朱伯崑教授在《重新评估儒家功利主义》一文中对儒家功利主义进行了重新的审视，他认为："儒家孔孟，以'博施济众'和'制民之产'为处理政治生活和道德生活的最高准则，为儒家的功利观奠定了思想基础。孔孟谈义利之辨，是反对追求危害群体利益的私利私欲，主张见利思义，并非一概排斥功利。"[2] 孟子提出："五亩之宅，树之以桑，五十者可以衣帛矣；鸡豚狗彘之畜，无失其时，七十者可以食肉矣；百亩之田，勿夺其时，数口之家可以无饥矣；谨庠序之教，申之以孝悌之义，颁白者不负戴于道路矣。七十者衣帛食肉，黎民不饥不寒，然而不王者，未之有也。"从满足人民的基本利益出发，强调人民利益的满足才能实现国家政权的巩固，实现根本上对国家的有利。张居正评述孟子此观点时说："此是王道之成，人君必如是而后为尽心耳，彼一时之小惠，岂足道

[1] 陈真. 当代西方规范伦理学 [M]. 南京: 南京师范大学出版社, 2002.
[2] 朱伯崑. 重新评估儒家功利主义 [J]. 哲学研究, 1994（4）.

哉？"[1] 可见张居正把这种功利主义观也看作是治国安邦的重要手段。在孟子之后，陈亮、叶适等儒家代表人物在先秦儒家富民利民的传统之上，更加发展了功利主义思想，强调注重实际功用和效果，反对空谈的义理之学。总体上来说，儒家是在"仁"的基础上实现"民利"的功利主义。

"儒家功利主义者以关怀和增进民众生活福利为最高的价值原则。其所谓功，谓事功，指建功立业；利，谓福利，指满足民众的物质生活需求。认为政治理念和道德原则，应对国计民生产生实际效益，使百姓富足安乐，方有其价值和生命力。"[2] 所以不能脱离功利对道义加以评述，天理也不能脱离人欲。

张居正正是基于这个原则提出："孔子为政，先言足食；管子霸佐，亦言礼义生于富足。"[3] 人民富足为国家稳定打下了基础，这些都是巩固政权所不可或缺的。同时张居正进一步指出："夫富者，怨之府；利者，祸之胎……彼不以法自检，乃怙其富势而放利以敛怨，则人亦将不畏公法而挟怨以逞忿。"[4] 他论述了社会分配应当做到贫富均匀，如果贫富不均，一是人民之间物质水平的差异性就越加凸显，久而久之必然会招致怨恨，失去生活资料的穷人会铤而走险；二是那些富有者在占据他人的生活资料后会麻木不仁，仗势欺人，必然引起民众公愤。张居正肯定了物质财富对于道德的决定作用，通过满足民众物质资料需要来提升整个社会的道德水准，从而保证国家稳定。同时通过法律与道德相结合，约束富有之人的行为举止，防止这些人对他人的剥削，真正做到权衡社会财富。

解决了利民富民的问题，功利主义的追求就指向了国家的强盛、王朝的巩固，即"富国强兵"这个最高目标。管子说："国富者兵强，兵强者战胜，战胜者地广。"管子认为国家富足会带来军队的强大，军队的强大就使得国家在战争中获得胜利，国家也就能长治久安。商鞅也认为国家富裕后军事实力才能强："故治国者，其抟力也，以富国强兵也。"

那时的明朝，倭寇进犯我国东南沿海一带，西南土司时常发生骚乱，北方边境也常有动乱。而且国库的空虚，直接导致军队战斗力严重下降，明朝国防力不从心，给敌人进攻明朝以可乘之机。虽然有之前的隆庆议和以及通贡互市，但也只是暂时解决了一部分国防问题，要想彻底解决国防问题，必须要以强大的军事实力支撑国防事务，这样才能起到巩固国防、维护和平的作用。

[1] 张居正. 孟子 [M]// 四书直解. 北京：九州出版社，2010.
[2] 朱伯崑. 重新评估儒家功利主义 [J]. 哲学研究，1994（4）.
[3] 张居正. 答应天巡抚宋阳山论均粮足民 [M]// 张居正全集. 武汉：崇文书局，2022.
[4] 张居正. 答应天巡抚胡雅斋严治为善爱 [M]// 张居正全集. 武汉：崇文书局，2022.

正是基于富国强兵的逻辑关系，张居正提出"足食足兵"的主张，为富国强兵创造条件。张居正说："然足食乃足兵之本，如欲足食，则舍屯种莫由焉。诚使边政之地，万亩皆兴，三时不害，但令野无旷土，毋与小民争利，则远方失业之人，皆襁负而至，家自为战，人自为守，不求兵而兵足矣。"[1] 他认为国家财政状况岌岌可危，抗击外敌打击入侵者，需要维持庞大的军队，因而国家财政对于军费支出会日益增加，所以只有为国家打下良好的物质基础，才能够增强国防实力。张居正说："孔子论政，开口便说'足食足兵'，舜命十二牧曰'食哉惟时'，周公《立政》'其克诘尔戎兵'，何尝不欲国之富且强哉？后世学术不明，高谈无实，剽窃仁义，谓之'王道'；才涉富强，便云霸术。不知王霸之辩、义利之间，在心不在迹，奚必仁义之为王，富强之为霸也？"[2] 张居正认为国家的强盛重在富国和强兵二事，对一些反对变革的顽固派固守的儒家"去兵"思想进行了强烈的批评。至于如何足食足兵，张居正指出："如欲足食，则舍屯种莫由焉。"[3] 他认为足食足兵的方法就是屯田，想要有充足的粮食就必须屯田。"屯政举，则士得饱食，可以议战矣。"[4] 屯田也是为了给军队提供充足的物质基础，让战士们没有后顾之忧后全力而战。所以张居正一方面大力清丈军田，增加军队所需田地的数量；另一方面，则"开垦荒屯，充实行伍，锻砺戈矛，演习火器，训练勇敢，常若敌来"。[5] 使得军队对于粮食的需要可以自给自足。有了稳固的后勤保障，军队战斗力明显增强，国防实力显著提升，对伺机想侵略明朝的敌对势力以强有力的威慑，边防形势很快就发生了有利于明朝的根本变化，而且还大大节省了朝廷对国防的开支，从而有利于全面改善国家财政状况。"从此，边地五千余里'无烽火警''贸易不绝'，两族人民之间出现了民族联合的新局面。"[6]

综上所述，张居正在国家治理方面所做的努力，从产生的实际效果来看，符合国家的根本利益，也符合以广大民众为代表的多数人的利益，实现了整体利益最大化，进而维护了国家的统一，改善了民族关系，促进了与其他民族的交流。因此，张居正的这一思想对社会的发展具有积极的促进作用，有着鲜明的功利主义特点。

[1] 张居正.答蓟镇总督王鉴川言边屯 [M]// 张居正全集.武汉：崇文书局，2022.
[2] 张居正.答福建巡抚耿楚侗谈王霸之辩 [M]// 张居正全集.武汉：崇文书局，2022.
[3] 张居正.答蓟镇总督王鉴川言边屯 [M]// 张居正全集.武汉：崇文书局，2022.
[4] 张居正.答方金湖计服三卫属夷 [M]// 张居正全集.武汉：崇文书局，2022.
[5] 张居正.与王鉴川计四事四要 [M]// 张居正全集.武汉：崇文书局，2022.
[6] 经济研究室中国经济思想史组.张居正的财政思想 [J].中南财经政法大学学报，1975（4）.

## 二、功利主义的人生价值观

人自打出生，作为客体的我们就体现出自己存在的价值。虽然个体的自然生命是有限的，但生命中创造的那些价值却是可以长久流传的。人的一生可以产生正面与负面两方面的价值，但能够长存的只有有益于人生的正面价值。这种正面价值就是我们所说的生命价值，让我们有限的生命升华为流传于世的理性生命，使得人的精神能够延续。"《易经》认为，有了天地万物，就有人类，然后才有人的伦常关系……生命的价值主要在于，它是人类实现一切伦理价值的载体。"[1]

人生价值如何评价？源自《左传》的"三不朽"体系，成为了后世评价人们生命价值的重要标准。在生与死意义的探究中，生命的价值何在？《左传》有云："太上有立德，其次有立功，其次有立言，虽久不废，此之谓不朽。若夫保姓受氏，以守宗祊，世不绝祀，无国无之，禄之大者，不可谓不朽。"[2] 由此，"三不朽"体系从立德、立功、立言三个方面对生命价值进行了全面论述。不朽是对现实的超越。现实生活中的人们为了功名利禄忙碌一生。"三不朽"观点反映了人的生命价值不能简单地用世俗的得与失来衡量，应该用毕生的德行克服这些世俗之物的有限性，在"立德、立功、立言"中使个体生命获得不朽的意义。

何谓"三不朽"？"'立德'就是'德行立身'，以高尚的道德情操让后人瞻仰；'立功'就是'建功立业'，以功业标榜，福泽后世；'立言'就是'开宗立派'，以独立的言论自成体系，影响世人的精神思维。"[3] "三不朽"价值目标集中体现在儒家思想之中，体现了"德为先"的儒家道德思想，将"立德"作为"三不朽"体系的核心，把道德上的成就看作是人生最有价值的成就，"立功"与"立言"统一于"立德"之中。

张居正对前人用"三不朽"来评价人生价值的观点表示了赞同，自己也主张用这一标准来评价人生价值，但是他的"三不朽"评价体系又有着较强的功利主义色彩。张居正认为实现人生价值就是要"多多立功"。正是基于这一观点，张居正在其为官几十年的岁月中，造福天下黎民百姓，挽救国家的危机局势，为国家立下了汗马功劳，最后加官进爵，光宗耀祖，流芳百世，这就是古人一直追求的功成名就，也就是"立功"。张居正告诫人们切莫徒劳追求"立言"，在"三不朽"的关系之中，张居正也将"立言"放在了最后，他将"立功"提升到与"立德"并重的位置。表

[1] 罗炽，白萍. 中国伦理学 [M]. 武汉：湖北人民出版社，2002.

[2] 杜预，孔颖达. 春秋左传正义 [M]. 北京：中华书局，1980.

[3] 魏春初，朱宁峰. 中国传统"三不朽"价值目标及其现代性指向 [J]. 绍兴文理学院学报，2012（5）.

面上张居正肯定了"立德"的核心地位，将"立德"作为最高标准加以论述，但实际上他主张"立德"与"立功"并重，并在科举考试的范文《辛未会试程策三》中鼓励未来的朝廷官员们"多多立功"。一直以来，张居正都将大禹、周公、孔子作为自己心目中的楷模，认为他们的共同点就是建大功、利大业："故能决大疑，排大难，建大功，立大节，纾徐委蛇，而不见其作为之迹。嗟夫！非天下之至圣，其孰能与于此哉？"[1] 他们正是有了"立功"，留下了实实在在的功绩后才实现了"立言"，得以被后人铭记。

从张居正本人来说，他从小就有非凡抱负并忠君爱国，这是很多士人具有的特质。他在官场的血雨腥风中进退有度，秉持着严于利己的为官操守。在不受重用、遭人排挤时，张居正仍然保持着少有的平和、超然与旷达，这些都彰显了张居正的优良德行。张居正所言的"立功"，是出于为江山社稷谋福利的目的，尽己所能而建功立业，使国家民众切实地享有好处，所以这是基于"立德"的"立功"。

而张居正正是以"立功"为指导思想，本着"达则兼济天下"的儒家道德要求，才会有不断奋勇向前的动力，为国为民操劳一生，最终给衰败的明朝带来了生机，为后世留下了宝贵的物质财富。不仅如此，张居正还践行了"以天下为己任"的儒家最高道德标准，留给了后世积极的道德人格典范与受用不尽的精神资源，这些都是张居正留下的宝贵精神财富，也是张居正"立德"思想之精髓所在。这种为整个社会和人民谋福祉的思想，实现了功利主义最大的升华，可谓立意甚高。

综上所述，张居正对于人生价值的评价带有着鲜明的功利主义特点，而正是以功利主义为指导思想，才有了张居正显赫的功绩。张居正将自己对生命价值的全部看法，悉数倾注于其伦理思想体系之中，这对当时社会伦理体系的建构也发挥了重要作用。

---

[1] 张居正 . 辛未会试程策三 [M]// 张居正全集 . 武汉：崇文书局，2022.

第四章

张居正伦理思想的争议

　　张居正伦理思想源自传统儒家思想，但在很多方面又与传统儒家经典有着很大的不同，所以多次与占据统治地位的传统儒家思想发生冲突，因此对张居正伦理思想的争议从未间断过。

## 第一节 "夺情"与传统儒家伦理思想的冲突

"忠"和"孝",从古至今都是被人们所歌颂的美德,忠于国家,孝敬父母。"'忠'和'孝'是中国古代伦理思想的两大基础,也是中国传统伦理道德规范中最重要的两大规范。"[1]《论语》记载:"其为人也孝弟,而好犯上者,鲜矣;不好犯上,而好作乱者,未之有也。君子务本,本立而道生。孝弟也者,其为仁之本与!"可见"孝"是"仁"的根本。"孝"是家族的血脉联系,加深了家族的感情,作为一种文化积淀,让家族更加具有凝聚力。而张居正继承了传统儒家"孝"的思想,以身垂范孝敬双亲,很好地践行了儒家提倡的"孝"。"由孝及忠,建立在血缘纽带基础上的'孝亲'观在宗法社会里具有某种天然的合理性,因此,有家及国及天下,'忠君'也具有了天经地义的合理性。"[2] 所以在对待"孝"与"忠"的关系上,传统儒家思想是将"孝"放在前面的。从忠和孝的起源来看,在"'原始宗法制'时代,后世之所谓'忠'(忠君之忠)实包括于'孝'之内……臣对君亦称'孝',君对臣亦称'慈',以在原始宗法制时代一国以至所谓'天下'可以合为一家,所谓'圣人能以天下为一家'也。故'忠'可包于'孝'之内,无需专提'忠'之道德。然至春秋时,臣与君未必属于一族或一'家',异国异族之君臣关系逐渐代替同国同族之君臣关系,于是所谓'忠'遂不得不与'孝'分离"[3]。至汉唐以后,"孝"与"忠"的关系发生了重大的变化,强调在"孝"与"忠"发生冲突时,应该选择"忠"而舍弃"孝"。在国家的利益面前,选择舍小家为大家,国家的利益高于个人的利益,一切应该以国为重。

---

[1] 罗炽, 白萍. 中国伦理学 [M]. 武汉: 湖北人民出版社, 2002.
[2] 罗炽, 白萍. 中国伦理学 [M]. 武汉: 湖北人民出版社, 2002.
[3] 童书业. 春秋左传研究 [M]. 上海: 上海人民出版社, 1983.

一直以来，张居正都本着忠君爱国的思想，将"忠"作为自己伦理思想体系中的核心要义。"忠"作为传统儒家伦理规范中的重要范畴，具有极高的伦理价值，张居正遵守"忠"的道德规范，也正是遵循了儒家道德规范，因而在看待"孝"与"忠"的关系上，张居正主张"忠"大于"孝"，所以他在父亲去世后选择了为君尽"忠"而不惜"夺情"。但张居正生活在明朝中期，传统儒家思潮占据了社会主流，强调"孝"才是社会伦理纲常的"结构支撑"，在"孝"与"忠"的地位上，主张"孝"大于"忠"。如此这般，张居正所秉持的伦理思想就与传统儒家伦理思想发生了剧烈冲突，这其实是儒家伦理思想内部之间的冲突，只是由于张居正贵为首辅，又是明朝改革的发起者，树敌太多的他也就自然而然被推进了伦理争议的漩涡之中。

## 一、"夺情"事实

"孝"是明朝重要的伦理思想，上至皇帝，下至黎民百姓，都对"孝"尊崇有加。"神宗即位后，继续高举'孝'的旗帜。在并尊两宫太后的问题上，神宗以'尊亲'为由，很快达到了目的。"[1] 万历皇帝明神宗的嫡母是皇后，但生母却是皇贵妃，因此他希望生母也能和嫡母一样被尊为皇后，做到生母能和嫡母没有尊尊亲亲的差别。张居正实现了万历皇帝的这个想法："仰稽我祖宗旧典，惟天顺八年，宪宗皇帝尊嫡母皇后为慈懿皇太后，生母皇贵妃为皇太后，则与今日事体，正为相同。但于嫡母特加二字，而于生母止称皇太后，则尊尊亲亲之别也。然今恩德之隆，既为无间，则尊崇之礼，岂宜有殊？且臣居正恭奉面谕，欲兼隆重其礼，各官仰体孝思，亦皆乐为将顺。今拟两宫尊号，于皇太后之上各加二字，并示尊崇。庶于祖制无忝，而于圣心亦慰。"[2] 张居正尊皇帝嫡母陈氏为仁圣皇太后，生母李贵妃为慈圣皇太后，至此两宫皇太后并称。在讲究尊卑礼仪的古代，皇帝亲属的名号事关个人荣誉，更与国家形象、国家体制息息相关。万历皇帝尊奉生母无疑是对我国古代儒家传统文化的"孝"观念的积极践行，为自己树立一个可供后世垂范的孝子形象，这种做法无疑具有榜样的作用与意义。

万历五年九月，张居正父亲张文明去世。按照传统礼法，任职官员的父母去世，要去职回籍守丧三年（二十七个月），俗称丁忧，或称守制。明朝官员丁忧主要是对前朝，特别是唐、宋两朝制度的继承。"明代以前奔丧之制甚为风行，且依礼应

---

[1] 田澎."大礼议"视阈下的张居正夺情与政治剧变 [J].学术研究，2017（3）.
[2] 张居正.看详礼部议两宫尊号疏 [M]// 张居正全集.武汉：崇文书局，2022.

为其守丧的已故亲属的范围较为广泛，除包括斩衰、期亲之外亦包括功亲属。"[1] 明朝官员的丁忧制度，其实质是构建与维持整个社会秩序的"礼"。这种制度有着广泛性、整体性、层次性的特点，要求社会中每个人必须遵守，对自身进行道德约束，也是"三纲五常"的基本道德要求。按照明朝丁忧制度的规定，文官在丁忧结束之后才能回去赴任。

张居正父亲的突然去世，让万历皇帝措手不及，此时万历皇帝极其依赖张居正，一旦张居正回乡守制，朝中大小事务将难以推行，那该如何解决回乡守制和在朝为公的问题呢？

明代丁忧中也有特殊情况，即"夺情"。"朝廷可以因国务需要，特准个别人不必解职，可穿着素服办公，不参加喜庆吉礼；或在守制尚未满期而应朝廷急召出而任职，谓之夺情。按照明代先例，明宣宗朱瞻基宣德年间，曾先后有内阁大学士金幼孜、杨溥因丧守制，被特敕夺情，着即起复视事；宪宗朱见深成化年间，亦曾连下三诏，命首辅李贤夺情任职。以上历次事件，均未引起过太大异议。"[2] 也就是说在特殊情况下是可以夺情的。万历皇帝下旨："务要勉遵前旨，入阁办事。岂独为朕？实所以为社稷，为苍生也。"[3] 并表示，即使再上百本奏疏也不同意张居正回乡守制，挽留的话已说到了极点，但张居正的夺情还是引起了前所未有的巨大风波。

## 二、忠与孝的两难

在"孝"观念凸显的明朝，张居正的夺情显然背离这一浓烈的社会风气，因此引起了轩然大波，并给张居正本人带来了极大的负面冲击。在当时的社会之中，孝是道德的根本，遵守孝道乃是天经地义的事情。而孝同时又是遵循礼的具体实践，包括人的孝心、孝行都是合乎礼的行为表达。

客观来说，在明朝历史之中，张居正并非夺情唯一之人，在此之前也有人夺情，且受到了旁人的宽容与理解，但为什么张居正的夺情却引来了如此血雨腥风呢？孟森认为："综万历初之政皆出于张居正之手，最犯清议者乃夺情一事，不恤与言路为仇，而高不知危，满不知溢，所谓明于治国而昧于治身，此之谓也。"[4] 汤纲认为："改革整顿触犯了另外一部分官员的利益，因此有更多的官员反对'夺情'。"[5] 韦庆

[1] 李维睿. 略论明代官员丁忧制度 [D]. 重庆: 西南政法大学, 2011.
[2] 韦庆远. 暮日耀光: 张居正与明代中后期政局 [M]. 南京: 江苏凤凰文艺出版社, 2017.
[3] 张居正. 谢降谕慰留疏 [M]// 张居正全集. 武汉: 崇文书局, 2022.
[4] 孟森. 明史讲义 [M]. 北京: 中华书局, 2006.
[5] 汤纲, 朱元寅. 二十五史新编·明史 [M]. 北京: 中华书局, 2006.

远认为："（夺情之争）反映着自张居正上台以来，部分官员对他在用人行政以及个人作风等方面的严重不满，借此以进行宣泄报复；也有些人甚至企图借迫他回籍守制三年的机会，削夺其职权，拉他下马。"[1] 由此看来，对张居正夺情伦理争议的实质其实是政治斗争。

关于张居正夺情的伦理争议，主要体现在"孝"与"忠"的争议之上，只是张居正改革树敌太多，反对派借此机会给予了其强烈的反击。但陈生玺又提出："他知道这时万历皇帝还离不开他，便假惺惺地连续三次提出辞呈，诉诸情以激朱翊钧之怒，伏地而泣不肯起……张居正身为内阁首辅，百官之长，应该遵守朝廷的丁忧制度，辞官回家守丧。但张居正为人贪权，他怕自己一旦去职而被人谋算，事先即与冯宝商量，谋划夺情，然后再上疏报闻父亲之丧，再由次辅吕调阳、张四维上疏要求皇上夺情挽留。"[2] 在陈生玺看来，张居正夺情的根本原因是其太过贪恋权力，表面请辞回乡守制，实则不愿放权，害怕大权旁落。

客观来说，明朝夺情之人绝非只有张居正一人。当时的万历皇帝尚未成年，治理国家还需要张居正辅佐，而且张居正的一系列改革也确实带来了实效，两人配合默契，开创了万历新政的良好局面。其实就算张居正执意要求回乡守制，万历皇帝也是不会答应的。张居正知道父亲去世，便立即上疏请辞回乡，言辞之中虽然态度并不十分坚定，但也表达出了自己守制的想法，但万历皇帝直接不允许张居正离开。从万历皇帝本人来说是不愿意张居正回乡守制的，这从张居正三次上疏请求回乡守制，而且态度一次比一次坚决，但均未得到皇帝批准，再到皇帝对抨击张居正夺情之人的严惩就可以看得出来。万历皇帝极力支持张居正夺情，不然他也不会最后下旨警告文武百官若是谁再敢反对张居正夺情就一律重罚。而且万历皇帝那道"务要勉遵前旨入阁办事。岂独为朕？实所以为社稷，为苍生也"的圣旨，明确告诉张居正安心留下辅佐自己治国理政，以命令的形式要求张居正"夺情"。即便张居正后来回乡葬父，万历皇帝还要求暂代首辅之职的吕调阳将国家的大小事务转交给张居正处理，而且多次下旨要求张居正速速返京，这都足以显现他对张居正辅佐的需要和对其夺情的准许。

从伦理关系来说，"忠"是臣应尽的本分。忠作为中国古代重要的道德范畴之一，随着朝代的更替，逐渐演变为臣对君主和国家应尽的道德义务，最后忠彻底变成臣绝对服从于君主的一种单方向的道德义务。一直以来，张居正从维护明朝统治角度

---

[1] 韦庆远. 暮日耀光: 张居正与明代中后期政局 [M]. 南京: 江苏凤凰文艺出版社, 2017.
[2] 陈生玺. 帝国暮色: 张居正与万历新政 [M]. 杭州: 浙江古籍出版社, 2012.

出发，反复强调忠是不可倒置的，是神圣而不可侵犯的伦理道德规范。因此，张居正留下来为君尽忠符合君臣道德规范。

从另一方面来说，张居正内心对守制也是有所顾忌的。他看到那些回乡守制后起复的官员都没有大的起色，深知官场的明争暗斗，首辅之位来之不易，如果回乡守制三年，待再回到京师，自己是否再有机会成为首辅都还未知。更为重要的是，张居正的改革成果很有可能因为回乡守制而付诸东流，所以张居正内心对于是否回乡守制也是矛盾的，他也经历过一番痛苦的思想斗争。从国与家的重要性来说，国是大于家的。张居正是内阁首辅，又担任万历皇帝的老师，国家各项事务都离不开他的打理，他夺情是为国尽忠，而为国尽忠所表现出的内涵就是为君尽忠，因此尽忠显然是大于尽孝的。

基于上述事实我们可以看出，对于张居正夺情的界定，不能完全认定张居正夺情就是其太过迷恋权力而假意请辞不愿守制。

除此以外，万历皇帝即将大婚。"按照明朝的礼制，皇帝婚礼是'国家之大典礼'张居正身为首辅，必须出席，不论以何种理由缺席都是大的失礼。更何况张居正是这场婚事的主要操持者，甚至连婚期也是经他最终定夺的，于情于理，万历皇帝都不可能同意张居正回乡守制。"[1] 韦庆远说："从历史和社会效果的角度看，张居正拒绝停职守制，不肯放弃夺情以保住权位，无疑是正确的，因为揆诸事实，隆万大改革中相当一部分重要成果，都是在万历五六年之后陆续取得的，诸如丈田、行一条鞭法、整顿驿递、修治水利等，皆是荦荦大者。如果居正轻许卸脱职权，在当时情况下，势难再有人能以铁腕驾驭全局，势难有效地抵御住来自各方面反对改革的阻力，势依照部署，在前此取得初步成果的基础上，再将改革推向纵深发展。这样，一切将会前功尽弃，改革运动难免更早地受到夭折，这是昭然若揭的。"[2] 即便是万历十年，张居正已经身患顽疾，卧床不起，多次上疏请辞，但万历皇帝却不允许并要求他继续工作，直至张居正生命结束。清朝道光年间，御史朱琦对张居正一生进行了总结："江陵，愚忠者也，盖明知其害于身而为之者也。明知害于身而利于国，又负天下后市之谤，而勇为之者也。"[3] 这些都表明了张居正一生都在践行"尽忠"的道德本分。

"忠"是对官员的伦理要求，而"孝"作为社会伦理思想的核心，又规定父母去世必须回乡守制。因此，如果回乡守制便是"不忠"，而从另一方面来说，"夺情"

[1] 樊忠涛.张居正夺情始末研究 [J].宜宾学院学报，2007（1）.
[2] 韦庆远.暮日耀光：张居正与明代中后期政局 [M].南京：江苏凤凰文艺出版社，2017.
[3] 张居正.答王子寿比部书 [M]// 张居正全集.武汉：崇文书局，2022.

即不回乡守制，又是"不孝"。因此，"忠"与"孝"实在难以做到两全。

## 三、张居正尊老尽孝的表现

张居正十年首辅，尽心尽责，任劳任怨。他担任过两代帝王的老师，倾尽其能，用心任教。他辅佐年幼的万历皇帝，经邦济世，无怨无悔，可以说对于君主，对于国家他尽到了自己的"忠"。关于"孝"，他遭受到了太多非议，"夺情"并不能判定张居正"不孝"。

"自惟一介之侗愚，实本二亲之训育。晨昏久旷，宁忘不寐之怀；云日长瞻，适获俱存之幸。"[1] 万历皇帝察知张居正思念双亲而日渐消瘦，特赐其父母衣物，张居正上疏谢恩，将自己的成长归功于父母的功劳。张居正回乡葬父，将年迈的母亲接到京城，因天气炎热，特地向神宗请假多宽限几天："惟祈圣慈俯赐宽限，容臣暂停至八九月间，天气凉爽，扶侍臣母，一同赴京。"[2] 在与陈相公的信中，张居正说："不肖自罹大故，求归未得，含荼茹毒，蒙垢忍辱，须发皤然，已具足老状矣。"[3] 表达了自己夺情之后内心的痛苦。此外，在张居正的诗歌及其他奏疏中都有关于父母拳拳眷恋的作品，表现出了张居正的孝亲观。要知道张居正不是一味地排斥儒家，深得儒家文化影响的张居正，并不是真不孝，而是真的迫不得已，只能选择"夺情"。

"有明一代，阁臣在任丁忧者共 19 人次，夺情起复者有 11 人次，他们是杨荣、胡广、黄淮、金幼孜、杨溥、江渊、王文、吕原、李贤、刘吉、张居正。其中永乐至成化朝 10 人丁忧，全部夺情（彭时一人稍有不同，于正统十四年八月入阁，丁继母忧，令夺情办事。到景泰元年正月，彭时才坚请守制）。可见，这一阶段阁臣夺情已经成为惯例。"[4] 张居正并非明朝夺情第一人，也非唯一之人。如果结合当时明朝的总体状况分析，张居正是万历初年国家改革的发起人和执行人，在他呕心沥血十年的时间里，明朝的状况大为改观。张居正将自己的全部都奉献给了国家，将国家的安危看得比自己的生命还要重要。他的付出是想挽救病入膏肓的明朝，践行自己为官的责任，实现生命的价值。从另一方面来看，张居正的夺情也给守旧的社会伦理思想极大的冲击，对传统的"孝"与"忠"的关系予以了新的解释。

[1] 张居正. 谢恩赉父母疏 [M]// 张居正全集. 武汉：崇文书局，2022.
[2] 张居正. 请宽限疏 [M]// 张居正全集. 武汉：崇文书局，2022.
[3] 张居正. 答松谷陈相公 [M]// 张居正全集. 武汉：崇文书局，2022.
[4] 赵克生. 略论明代文官的夺情起复 [J]. 西南师范大学学报（人文社会科学版），2006（5）.

## 第二节　践行"知行合一"之质疑

　　明代著名哲学家王阳明提出了"知行合一"伦理思想，意在强调把"知"和"行"统一起来，不仅要重视认识，还要重视实践，这样才能称得上"善"。"知行合一"是关于道德意识和道德行为关系的论述，主张思想和实际行动的相统一，这也成为一种道德律令。张居正早年受到阳明心学的影响，一直将"知行合一"思想作为自己伦理思想的重要组成部分，并在知行合一思想的指导下修炼德行，之前章节论述的张居正官德思想就是对知行合一思想的践行。但当时有一部分人从张居正德行操守出发，认为张居正为官不廉，并没有践行知行合一的伦理思想，并对其进行了强烈的抨击，指出这是其道德方面的污点所在，引起了学界的广泛争议。

### 一、张居正是否做到了"知行合一"

　　随着张居正的地位越来越高，改革的覆盖面也越来越大，所以反对其改革的人也越来越多，加之夺情的发生给了反对派们很好的反击机会，因此对于张居正的质疑之声越加高涨。早年张居正修炼品德，主张廉洁奉公，积极践行知行合一的伦理思想，并要求万历皇帝通过"节用"为朝廷官员树立廉洁的榜样，取得了很好的效果。但后来张居正回乡葬父时，坐了一项名叫"如意斋"的轿子，其既大且重，需 32 个壮丁来抬。这顶轿子既有办公室又有寝室，还有戚继光专门挑选出来的精兵强将为其保驾护航。这个事情在张居正逝世后广为流传，由此产生了对张居正为官不廉的争议，廉洁缺失的质疑之声由此而来，这也成为了张居正是否做到了知行合一的最大争议所在。这不禁让人猜想为什么一直崇尚勤俭节约的张居正会有如此奢华的排场。

这个谣言在古今许多人士眼中都认为是真实存在的,甚至指责张居正大逆不道。"万历六年(1578年),张居正回乡为父送葬,地方官特地为他制作一顶轿子,前有起居室,后有卧室,两边有回廊,各有一个书童焚香挥扇,用三十二名轿夫扛抬,沿途府、州、县官全部出动跪接迎送,浩浩荡荡,声势显赫,其排场之豪华,规模之盛大,创下官员乘轿之最。"[1] 这是在刘志琴《张居正评传》之中的一段描述。齐悦在《关于张居正乘坐32人抬大轿的谣言》中说:"今人王春瑜《中国反贪史》批评张居正在反对别人腐败的同时自己腐败,甚至认为他的骄奢淫逸导致改革的最终失败。这部大轿就是他生活腐化,滥用职权的最好例证。"[2] 随后,其详细论述了这件事情的前因后果。

## 二、胸怀为官操守

按照齐悦的描述,这个谣言最早的版本出自明代文学家、史学家王世贞的《嘉靖以来内阁首辅传》:"居正所坐步舆,则真定守钱普所创以供奉者。前为重轩,后为寝室,以便偃息。傍翼两庑,庑各一童子立,而左右侍为挥篷炝香,凡用卒三十二异之。"[3] 通过查阅各类文献资料我们不难发现,其实王世贞和张居正虽是同科进士,却有着很大的矛盾。而且《嘉靖以来内阁首辅传》又是在张居正死后被清算的大背景下撰写的,有着大量抹黑张居正的内容,这抬大轿可能就是其中之一。陈礼荣在《王世贞对张居正道德评价所带来的负面影响刍议——以〈嘉靖以来内阁首辅传〉为例》中谈到了早期王世贞诬蔑张居正的事实:"在这篇纪文中,他以无比感恩的真切之情,表达出了对嫡母毛妃的思念:'每思懿恩罔极,姆训孔昭,上祝君年,实遗安以忠孝。'若是从语言的层面上看,这'姆训孔昭'其实也映现出了毛太妃对少年朱宪㸅教育方式及其主要内容。而所有这一切,岂是平生从未与正妃打过交道之王世贞所能臆造出来的?至于王世贞后文所谓'会居正登第,召其祖,虐之酒,至死'一节,更是暴露了他在对张居正作道德评价时亦真亦假,以假乱真,恶意夸饰,且向壁虚构,巧作鱼目混珠的作伪手法。"[4] 其实从常识上判断:"张氏的

[1] 刘志琴. 张居正评传 [M]. 南京:南京大学出版社, 2006.
[2] 齐悦. 关于张居正乘坐32人抬大轿的谣言 [J]. 文史杂志, 2018(6).
[3] 齐悦. 关于张居正乘坐32人抬大轿的谣言 [J]. 文史杂志, 2018(6).
[4] 陈礼荣. 王世贞对张居正道德评价所带来的负面影响刍议——以《嘉靖以来内阁首辅传》为例 [C]// 南炳文, 商传. 张居正国际学术研讨会论文集. 武汉:湖北人民出版社, 2013.

行期只有 22 天,返程时因适逢阴雨,走了 24 天。北京与江陵之间单程就将近 3000 里,则平均每天要行进超过 130 里。途中张居正还要处理政务、接见官员、拜会藩王、参加宴会,行色匆匆,即便不考虑当时的交通状况,并且按照每天行进 10 个小时计算,平均时速也要达到 13 里,这对于单人步行来说,已是相当迅速;而 32 个轿夫即使个个都训练有素,抬腿起步整齐划一,却要将大轿扛在肩头一路走到江陵,实在是匪夷所思。最初记载轿车的王世贞并未详记他乘坐这项大轿多长时间、走了多少路程。他所言'凡用卒三十二人'是指先后轮班抬轿的共计 32 人还是同时抬轿的有 32 人,并未说清,以至后人有意无意地认为他整个行程都是乘坐由 32 人齐抬的大轿招摇过市。"[1]

事实上与张居正同时代的人中,即便是反对张居正的人,在他们的各类书中也并未发现关于张居正"轿子"的记载,只不过因为王世贞是与张居正同时代的赫赫有名的史学家,所以他的论述自然成为了后人可信的依据。从常识上即可推翻的谬论为何成为了抨击张居正的焦点所在,不得不说张居正改革确实得罪太多人了。刘志琴在《张居正评传》中也说道:"早在张居正被抄家时,就发现他的财产远不及宦官冯保,只相当于严嵩的二十分之一。原本想在抄家中获得意外之财的神宗,也未免大失所望,这似乎已能说明张居正为官尚有操守。事过三百八十年,一场'文化大革命'的风暴,掀开了张居正的棺木,红卫兵们意外地发现,作为权倾一时的宰相,张居正竟然很少陪葬。"[2]

通过研究可以发现张居正的为官操守尚且在合理范围之内,对于其贪污腐败、廉洁缺失的指责,我们看到《明史》等官方的记录中也并未提及。因此,张居正还是守住了为官的底线,胸怀为官操守。基于以上事实,对于张居正践行"知行合一"之质疑,应该给予其公正的评价。

[1] 齐悦. 关于张居正乘坐 32 人抬大轿的谣言 [J]. 文史杂志, 2018（6）.
[2] 刘志琴. 张居正评传 [M]. 南京: 南京大学出版社, 2006.

第五章　张居正伦理思想的历史影响与现代启示

　　张居正杂糅各家学派之所长，精通儒家伦理思想的同时又兼顾法家伦理思想，打通了儒家与法家伦理思想的理论界限，以经世致用为原则，形成了一整套极具张居正特色的伦理思想体系。张居正伦理思想不是凭空产生的，这之中有着深刻的时代沉淀。张居正从社会实际问题出发，深入分析了问题的根源所在，融合儒家、法家伦理思想，找到了解决问题的办法，并大力进行改革，解决了当时严峻的社会问题。更为重要的是，张居正以此为基础构建出了其伦理思想完整的体系。与其他人相比，张居正伦理思想更多地与社会实际紧密相连，因此他的伦理思想更为丰富、深刻和全面，具有理论和实践的双重价值。

# 第一节 张居正伦理思想的历史影响

张居正伦理思想，既有儒家仁学的思想，又有法家法治的观念，作为明代伦理思想新的发展形态，为后世伦理思想的发展提供了丰富的理论依据。而且张居正伦理思想所建构的社会治理模式，也成为后世社会治理的重要思想资源。因此，张居正伦理思想意义重大，具有深刻的历史影响。

## 一、张居正伦理思想对晚明学术发展的影响

儒家思想一直以来都是中国传统社会的主流思想，亦是晚明社会的主流学术思想，它作为一种"入世哲学"，实实在在地教人们如何做人，如何行事。李泽厚先生曾指出："儒学生命力不仅在于有高度自觉的道德理性，而且更在于它有能面向现实、改造环境的外在性格。"[1] 作为中国传统文化的重要组成部分，儒家文化经过历史的不断发展，至今能够一直保有旺盛的生命力，最主要的原因就是其有着显著的实用价值，李泽厚先生的这句话也恰好说明了这点。虽然儒学有着维护封建专制统治的保守性特征，但儒学能够不断发展并传承至今的关键就在于其开放的态度与胸襟。也正是基于这种原因，作为入世哲学的代表，儒学始终保有经世的精神，积极解决社会实际问题，体现出安邦治国、济世救民的本质。儒家的这种精神被历代文人学者所敬仰、追寻。

儒学而后经明代大儒王阳明的发展，其创造的心学思想作为先秦儒家思想新的发展形态，对整个明朝的学术

[1] 李泽厚. 中国古代思想史论 [M]. 北京: 人民出版社，1985.

界产生了巨大影响，成为了张居正所处的晚明时期主流的学术思想。起初张居正也大力推崇心学，对心学思想赞叹有加。但是明朝风雨飘摇的现状，让张居正明白救国乃是当务之急。张居正认为学问应该扫除无用之功，追求实效，所以他以"经世致用"为原则，对无益于解决明朝实际问题的、以心学为代表的学术思想进行了强烈打击。当时心学占据重要的社会地位，主张用道德教养来取代法律和刑法的作用，加强人们的道德教育，这一思想是对孔子"为政以德"的德治思想的继承。一直以来，道德教化都是儒家伦理思想中的核心概念："道之以政，齐之以刑，民免而无耻；道之以德，齐之以礼，有耻且格。"所以心学强调道德才是根本，道德的提升才会让人自觉地端正自己的行为，以犯罪为耻，从而不想去犯罪。心学的德治思想在国泰民安、秩序良好的社会中，固然是最理想的社会治理方法，以德服人，让人心悦诚服，在此基础上施行仁政，推行王道之治，以道德教化民众，最终得民心、得天下。德治思想重视道德在国家社会治理中的作用，对道德的社会功能给予高度的评价，所以中国古代社会一直都有着德治主义的传统。

张居正对心学重德治的主张表示认同，而且他不是完全推翻心学理论，这点从他自己对于万历皇帝的道德教育之中以及他本人的人格修养中，都能看出他对道德的推崇。但是张居正所处的时代礼崩乐坏，人的道德羞耻感和荣辱心越来越淡薄。张居正不是没有尝试过德治，他曾经分别在嘉靖、隆庆时期奋不顾身地上疏（《论时政疏》与《陈六事疏》），企图用道德唤醒当朝皇帝的励精图治及满朝文武百官的履职尽责，但都无功而返。

张居正逐渐明白，在这样一个乌烟瘴气、民不聊生的年代，社会真正需要的是大变革，以及建立一个"天下为一"的中央集权国家，而单纯的道德教化已经不足以解决全部社会问题，还需要有法家的法治思想作用其中，德法并举，才能真正起到改变社会积弊的作用。因此心学提倡的用道德教养来取代法律和刑法的作用的观点显然是不切实际的，在当时根本无法实现。而且心学思想内涵逐渐被歪曲，成为了学者之间无聊的辩论，最后甚至讲学活动都被一些为满足自己私欲的学者和官员利用，他们参与其中，致使讲学活动的参与者鱼龙混杂，对当时的学风、政风产生了极大的负面作用。并非建立在科学世界观的心学，主张的是主观唯心主义，这显然解决不了明朝现实的问题。日益衰落的明朝迫切需要的是治国经邦之术，所以只有那些能够经世致用的学术思想才是真正有用的思想。嘉靖四十二年，张居正在与"心学"倡导者罗近溪的信中指出："学问既知头脑，须窥过实际。欲见实际，非至琐细、至猥俗、至纷纠处，不得稳贴。如火力猛迫，金体乃现。"[1] 而在《答总宪凌洋山言边地种树设险》中又说道："天下事岂有不从实干，而能有济者哉！"[2] 意在强调实干兴邦的现实意义。面对王用汲批判自己独断专权，张居正在《乞鉴别忠邪以定国是疏》中愤然说道："夫国之安危，在于所任，今但当论辅臣之贤不贤耳。使以臣为不贤耶，则当亟赐罢黜，别求贤者而任之；如以臣为贤也，皇上以一身居于九重之上，视听翼为，不能独运，不委之于臣而谁委耶？"[3] 在张居正看来，衡量辅臣贤否的标准就是能否为皇帝分忧解难，能否尽心辅佐皇帝治理国家。作为辅臣的自己，责无旁贷应在皇帝治理江山社稷的过程中承担起自己的责任。这正是张居正经世致用思想的体现。

张居正的学术思想以"经世致用，利国益民"为指导，为了营造更加务实的学术氛围，张居正提出"务实得于己，知事理之如一"的观点。他说："承教虚寂之说，大而无当，诚为可厌。然仆以为近时学者，皆不务实得于己，而独于言语名色中求之，故其说屡变而愈淆。夫虚故能应，寂故能感。《易》曰：'君子以虚受人。''寂然不动，感而遂通天下之故。'诚虚诚寂，何不可者？惟不务实得于己，不知事理之如一，同出之异名，而徒兀然嗒然，以求所谓虚寂者，宜其大而无当，窒而不通矣。审如此，岂惟虚寂之为病？苟不务实得于己，而独于言语名色中求中，则曰致曲，曰求仁，亦岂得为无弊哉！"[4] 张居正把虚与实看作一对辩证关系，心体的本来状态是"虚寂"的，但是体用不相离，体与用在逻辑上是分开的，但实际上却又是互相包含的，因此虚与实必须有机地结合起来。张居正结合理学与实学思想，将其作为自己德行修养的理论来源，这种务实的思想可以引导其驾驭全局，作出决策。这种从政治实践角度进行心性修养的活动，确实提高了他的德行修为，也形成了他杂糅各家学术之所长的广阔胸襟。以此作为基础，他认为学术应该从属于政治，应对"虚无缥缈"的学术现状进行改革。

张居正与当时的理学家们交往密切，并与那些能够以经世致用为目标的理学家们相互切磋，探讨学术。对于何为理学正宗，何为理学末流，张居正有着自己独到的看法。在张居正看来，那些秉持不切实际的虚寂之说的理学家们，脱离实际空谈心性，实则是"腐儒"："今人妄谓孤不喜讲学者，实为大诬。孤今所以上佐明主者，何有一语一事背于尧、舜、周、孔之道？但孤所为，皆欲身体力行，以是虚谈

---

[1] 张居正. 答罗近溪宛陵尹 [M] // 张居正全集. 武汉：崇文书局，2022.
[2] 张居正. 答总宪凌洋山言边地种树设险 [M] // 张居正全集. 武汉：崇文书局，2022.
[3] 张居正. 乞鉴别忠邪以定国是疏 [M] // 张居正全集. 武汉：崇文书局，2022.
[4] 张居正. 答楚学道胡庐山论学 [M] // 张居正全集. 武汉：崇文书局，2022.

者无容耳。"[1] 这段话既概括出了张居正的学术特点，又体现出张居正与当时虚寂之说的理学家们所持有观点的不同。张居正也表示自己并不是反对理学，而是披着理学的外衣，作恶作伪之人："吾所恶者，恶紫之夺朱也、莠之乱苗也、郑声之乱雅也、作伪之乱也。夫学，乃吾人本分内事，不可须臾离者。言喜道学者，妄也；言不喜者，亦妄也。于中横计去取，言不宜有不喜道学之名，又妄之妄也……言不宜不喜道学之为学，不若离是非、绝取舍，而直认本真之为学也……凡今之人，不如正之实好学者矣。"[2] 张居正所论述的"直认本真"思想，以自己的虚灵静寂的心体为天下之大本，从这一点来看，他与当时的理学是相通的。[3] 但张居正"反对以虚见为默证"[4]，特别强调结合实际并身体力行，这又和理学有着截然的不同，可以看出张居正并没有拘泥于传统的理学思想，所以他说："扫无用之虚词，求躬行之实效。"[5]

张居正十分反对聚党空谈，他认为士人学习经书首先是要用于修身，以求更好地充实自己、修养自身，立志做一个君子儒。孔子当年教育学生只在躬行，言之更要行之，要努力寻找治国安民，探究经邦济世的方法，而不在议论，不是将精力浪费在华而不实的空谈之上。如果大家都把精力放在与人空谈甚至争论不休之上，就没有精力专注于真正的学问，这不仅会影响自己学识的增长，更会妨碍自己个人道德的升华。那些夸夸其谈，自以为是的空谈之辈，往往腹中无真才实学。真正具有才学的人，也是德行高尚之人，他们是不会四处夸耀、辞采自炫的。因此学习需要全身心地投入其中，其目的是既要掌握"经术"理论知识，又要具备解决社会纷乱事务的能力。

为了统一思想，让学术更好地服务于政治，张居正对以心学为代表的学术思想进行了一系列高压政策，包括禁止民间讲学、控制言论、禁毁书院等。"他在禁毁书院的同时，下令征收书院的学田，使其失去经济基础，也使那些借讲学为名、科敛民财者失去敛财的资本。事实上，当时禁毁书院不仅对统一思想有一定作用，而且，由于学田收归国有，一定程度上也增加了国家的财政收入，减轻了人民的一些负担。"[6] 对那些不愿意改变观念的心学学者进行打击，虽然起到了经世致用的实际效果，但在另一方面，也"摧毁了思想界的生机"。[7] 但同时要为张居正正名的是："张

[1] 张居正 . 答宪长周友山明讲学 [M]// 张居正全集 . 武汉：崇文书局，2022.
[2] 张居正 . 答宪长周友山讲学 [M]// 张居正全集 . 武汉：崇文书局，2022.
[3] 余敦康 . 中国哲学论集 [M]. 沈阳：辽宁大学出版社，1998.
[4] 余敦康 . 中国哲学论集 [M]. 沈阳：辽宁大学出版社，1998.
[5] 张居正 . 陈六事疏 [M]// 张居正全集 . 武汉：崇文书局，2022.
[6] 任冠文 . 论张居正毁书院 [J]. 晋阳学刊，1995（5）.
[7] 肖少秋 . 张居正改革 [M]. 北京：求实出版社，1987.

居正禁讲学是针对王学末流之弊而发的。从学术立场上说,实质是对王学的修正。"[1]
同时张居正更多地反对私人讲学之风,所以张居正下令毁掉的书院大多也都是私人
所建,只不过一些地方官员在执行的时候,矫枉过正,起到了相反的作用。

总体来说,张居正务实的学术思想,止住了晚明时期那股不切实际的"空谈"
之风,使学术思想回归正轨,促进了晚明学术的发展。

## 二、张居正伦理思想对晚明官场及社会风气的影响

"修身、齐家、治国、平天下"是儒家倡导的圣贤之道,同时也构成了中国传
统社会之中的责任体系。对于为官者来说,这个体系要求他们"以天下为己任",
把国家的兴衰治乱作为自己的责任,以此进行自我约束、自我激励和自我塑造,采
取积极进取的人生态度。

张居正深得儒家伦理思想的精髓,胸怀"以天下为己任"的责任感,从解决明
朝实际问题出发,以经世致用为原则,努力追求儒家最高道德标准。在张居正大力
进行改革以求挽救晚明的过程中,他对如何实现"以天下为己任"给出了新的解释。
张居正认为人生应该务实,追求的应该是经世致用的实际效果,所以他通过打击以
心学为代表的学术思想,改变当时官场之中空谈阔论、脱离实际的不良风气。在此
基础之上,张居正重新将"立德"作为为官所要遵循的基本要求,大力整顿官场日
益严重的道德缺失现象,强调道德对于为官的重要作用。张居正将万历皇帝作为加
强官场道德修养的起点,不断强化道德在国家治理中的重要作用,勉励皇帝以礼修
身,积极践行仁道,通过不懈地提升道德修养,引导官场良好的道德氛围。而广大
官员们更是要以德修身,不断对自身的行为进行约束,以优良的道德情操承载经邦
济世的责任。张居正以德为先的伦理思想对晚明官场起到了积极的促进作用,对营
造良好的官场氛围产生了重要影响。

为了更进一步解决社会实际问题,张居正又将目光聚焦到社会风气之上,对一
直以来以崇拜"鬼神观"为代表的社会风气进行彻底的批判。张居正认为鬼神观作
为一种传统长期存在于民众的思想之中,形成了一种心理暗示,让人极强的思想禁
锢中。这种不良思想,尤其对晚明社会风气产生了巨大的消极影响。如果将鬼神观
这种虚幻之物作为道德一般的存在,无疑会对人产生极大的负面作用,要是沉迷其
中,势必会造成道德败坏。张居正对鬼神观的重新认识推进了社会对于鬼神观的认

---

[1] 刘岐梅.论张居正禁讲学 [J].孔子研究,2004(5).

识，为树立晚明优良社会风气创造了条件。

在此之前，儒家对鬼神观念的态度并不坚定，再加上很多民众将鬼神作为"信仰"，形成了一种道德自律，对鬼神有着天然的敬畏。鬼神观是中国传统文化中最重要的观念之一，在无法抗拒的自然力量面前，以农业生产为基础的中国传统社会从一开始便选择了鬼神信仰，而后鬼神观逐渐深深地植入了浓厚久远的风土习俗中，成为了一种惩恶扬善的道德意识。

从历史发展的过程来说，早在夏、商和西周三代以前的前封建社会之中，人们确实有虔敬鬼神，重视祭祀的传统，对此孔子也称赞有加。孔子说："禹，吾无间然矣。菲饮食而致孝乎鬼神，恶衣服而致美乎黻冕；卑宫室而尽力乎沟洫。禹，吾无间然矣！"在孔子看来，君主生活简朴，孝敬鬼神，是执政者的榜样。《礼记》记载："祭极敬，不继之以乐。朝极辨，不继之以倦。"也表达了孔子对虔敬鬼神，重视祭祀的赞叹。但儒家学者毕竟是追求世间实用之学的门派，他们热衷于建立一种以道德为中心的政治思想体系，兼为统治者巩固俗世的统治秩序在总体上进行出谋划策。所以孔子又说："务民之义，敬鬼神而远之，可谓知也。"以此来告诫人们尊敬鬼神但是却要远离他，这才是智慧。孔子又进一步指出："未能事人，焉能事鬼。"可见孔子希望人们能够把侍奉君父放在首位，在他们活着的时候能尽忠、尽孝，而对待鬼神就不用多提了。这清晰地表明了孔子在对待鬼神问题上的态度，可以看出孔子不希望大家把注意力过多地放在鬼神之事上。深受儒家思想熏陶的张居正非常认同这一观点，他也认为："果能尽所以有生之理，则全归者可以无愧。"[1]看来张居正本人也赞同为生者多多尽孝，而不必过多敬奉鬼神。

张居正心中本没有鬼神观念，他本人也竭力反对鬼神观。张居正所在的年代，由于嘉靖皇帝终日不理朝政，只痴迷修炼仙术，祈求长生不老，每年不断修设斋醮，造成巨大的浪费，由此引发了以严嵩为代表的奸臣当权，国家生灵涂炭，明王朝陷入严重的危机之中。正是由于嘉靖皇帝痴迷于鬼神观念之中，导致他荒废朝政，国家危在旦夕。可见信奉鬼神，追求所谓的修行之"道"，并没有起到提升道德水平的作用，反而适得其反，最终道德败坏，遭受世人唾弃。这些鬼神观的弊端张居正早就看在了眼里。那时的嘉靖皇帝沉迷于求仙祷告，将国家取得的一丝祥瑞全部归结于自己祷告的结果，因此也越发沉醉其中。嘉靖三十年十二月，嘉靖祷告求雪后适逢降雪，朝廷内外无不称颂。时任首辅的严嵩特请张居正代写谢疏《代谢赐御制答辅臣贺雪吟疏》。也许在严嵩眼里，张居正也只不过是一个应酬实事的儒生，于

---

[1] 张居正. 论语 // 四书直解 [M]. 北京: 九州出版社, 2010.

是便吩咐他代写一些诸如《贺瑞雪表》《贺冬至表》《贺元旦表》等不痛不痒的锦绣文章。这些文章充满了阿谀奉承的媚态，频繁献媚的张居正似乎全然没有了入朝之初的傲骨之风，这也成为了他政治生涯中不光彩的一面。时局的动荡让张居正不得不选择隐忍，比起抬棺死谏的海瑞，张居正自然要幸运得多。有了前车之鉴，张居正从险恶官场中学到了为官之道。"兹盖圣德潜孚，无高而不格，故天心顺应，有感而必通者。"[1]这首代老师徐阶所写的贺表充满着只能将凌云壮志暂时深埋于心的无奈。所以徐阶很看中张居正，欣赏张居正的抱负和才华，对张居正的隐忍没有怪罪，反而刻意保护他不要在险恶的官场铩羽折翅。白鹿出现加之嘉靖生日即将到来之际，张居正写出："如川至，如日升，如天长而地久，万方拱辰极之尊；来凤仪，来兽舞，来龙负与龟呈，亿载巩山河之固。"[2]这也算是对长年祷告以求长生不死但实际却体衰多病的嘉靖的一种安慰。这类迎合嘉靖长生思想，阿谀奉承的文章还有很多，但张居正内心的坚定却从未改变。

嘉靖末年时期，当时有许多大雁飞入北京邸舍，有人认为是祥瑞出现便大加赞赏，但张居正却表现得异常冷静，他认为："兹其所为丕休也。若乃眩异测应，以几宠援而惟辕况，不亦恶乎？岂其然哉！"[3]在他看来虽然这种吉祥的事情可以引起人们对好兆头的期盼，但一定要适可而止，切莫以此作为争夺圣宠的政治手段。由此可以看出张居正并不认为这是上天的某种暗示，只是某种巧合罢了。所以人们应该唯义是循，如同孔子一生追求"仁"一般，不必纠结那些福祸旦夕，因为这些自有上天的安排："命之所在，虽圣人有所不能违；义之所在，虽造物者有所不可夺。"[4]张居正的这番观点乃官场中的一道清流，说明即使是在浑浊不堪的官场，他仍然能够保持本性，没有被那些玄而又玄甚至祸国殃民的思想所侵蚀，并能保持冷静的头脑坚守自己的底线，将关注的重点放在了经世之学上，以解决实际问题为己任。

如果说张居正之前的隐忍都只是羽翼未丰而迫不得已的委曲求全，那么在官至首辅大权在握后，他便彻底表达了自己反对鬼神观的主张。在《葬地论》中，张居正一开始就驳斥了"葬地能决定人的福祸""葬得好以后家族就会兴旺""如果没有选好葬地家族以后就会衰败"等愚昧言论："今曰家之兴替，皆系于葬之吉凶，则人欲避殃而趋祥者，惟取必于地而已，又恶用作善为哉……天包乎地，地不能大于天。灾祥善戾之感，在天道犹不可必也，而况于地乎！"[5]张居正不仅论证了死者不能决

[1] 张居正.代徐相公贺瑞雪表 [M]// 张居正全集.武汉：崇文书局，2022.
[2] 张居正.贺瑞鹿表 [M]// 张居正全集.武汉：崇文书局，2022.
[3] 张居正.来雁说 [M]// 张居正全集.武汉：崇文书局，2022.
[4] 张居正.义命说 [M]// 张居正全集.武汉：崇文书局，2022.
[5] 张居正.葬地论 [M]// 张居正全集.武汉：崇文书局，2022.

定后代人的祸福,葬地也是无所谓凶吉的。同时还列举了古人"死而不葬""墓不择地"等大量史实,说明了人的祸福与寿夭、家族的兴旺衰败、贫富等社会现象与葬地无关。同时张居正还尖锐地指出那些相地看风水的人都是些江湖骗子,是不可信的。

随着张居正改革的深入,一大批既得利益者的非法利益得到了有效遏制,这就招致了他们对张居正的不满,他们时刻都在寻找机会企图打压张居正,阻止改革进行。万历五年,张居正的夺情引起了朝中的巨大震动,虽然万历皇帝一再支持张居正夺情,但反对之声依旧高涨。那些反对派抓住这次机会意图打垮张居正。虽然最后万历皇帝用高压政策结束了夺情之争,但那些反对夺情的人却借彗星的出现证明那是天对张居正贪恋权力的警告,企图将张居正赶回江陵。张居正自然不会惧怕这些言论,在与吴自湖的书信中,他指出"灾祥之应"是蒙昧之言,他认为:"古之圣王,遇灾而警,惟修人事,镇静以处之;不宜牵合事应,过为惊惶,以致摇众也。"[1]张居正坚决反对把人事和天象两件不相干的事情胡乱扯到一起,他反对所谓"天人合一"的这种谬论,强调要多修人事以应对灾难,有力地回击了反对派的攻击。

同时张居正对于鬼神观的看法还影响着万历皇帝。张居正在给万历皇帝编撰的《帝鉴图说》中引用了武乙无所顾忌,任意妄为的故事。张居正说:"夫人君无不敬也,而敬天为大。《书》曰:'钦若昊天!'《诗》曰:'敬之敬之,天惟显思,命不易哉。'若以天为不足畏,则无可畏者矣。武乙之凶恶,说他不但不怕人,连天也不怕。故为偶人而戮之,为革囊而射之。呜呼!得罪于天,岂可逃哉?震雷殒躯,天之降罚,亦甚明矣。"[2]虽然张居正的本意是劝诫万历皇帝不要像武乙那样什么都不顾忌,一定要遵循万事万物发展的规律行事,否则将会受到惩罚,但文章主要是想表达张居正自己对鬼神观的批判。因为以武乙"射天"等行为作为开端,商朝的神权统治开始转向王权统治,大多数商人由崇信鬼神开始慢慢远离鬼神,这种社会发展的进步是商人认识上取得进步的结果,具有积极的作用。

总体说来,张居正本着"以天下为己任"的儒家最高道德标准,对传统道德思想进行了全新而系统的阐释,深化了社会对道德的认识,推进了社会思想的进步。

---

[1] 张居正.答河道吴自湖 [M]// 张居正全集.武汉:崇文书局,2022.
[2] 陈生玺,张居正.帝鉴图说 [M].武汉:崇文书局,2008.

# 第二节　张居正伦理思想的现代启示

张居正伦理思想对晚明的社会生活有重要影响，以实用理性为思考维度，富有人本意识和人文精神。而张居正伦理思想的产生来源于其改革活动，两者密不可分。当下，充分挖掘张居正伦理思想，对当代社会具有重要的启示意义。

## 一、"张居正改革"对当代中国改革的伦理启示

"张居正改革"有着深刻的伦理学内涵，是针对明朝突出问题的积极回应。整个改革活动以解决积弊为根本宗旨，顺应了时代发展的潮流，符合历史发展规律，不仅对当时社会有着巨大的意义，也对当代中国改革具有很大的启示。

### （一）应处理好官德建设与制度伦理建设的关系

张居正以官德建设为改革的切入点，拉开了改革的序幕。在其位，谋其政。官员掌握着国家的权力，他们是公共权力的实施主体，同时也是社会公共事务的管理者，他们的道德品质直接影响着国家治理的好坏、社会关系的和谐和国家的公信力。如果官员道德缺失，不仅意味着精神品质的缺失，还会直接导致权力腐败，扰乱社会秩序。官员身份的特殊性决定其道德水准理应比一般民众要高，并对民众起到榜样的作用。在张居正改革之中，他大力加强官德建设，其目的就是提升官员的道德修养，重塑官场风清气正的氛围。在张居正看来，官德建设的落脚点就是要让官员忠于自己的岗位，恪尽职守，勤于政事，认真负

责地为国为民做事。

张居正所处的时代，内忧外患，危机四伏。年轻官员们大都醉心于和国事民生无关的诗文之中，并未尽到自己身上所肩负的经邦济世的职责。还有人四处结党营私，巧取豪夺，如此这般的官场氛围让张居正痛心疾首。本该立足岗位，视责任为使命的官员们，却不顾国家存亡、百姓安危，一步一步走向深渊。张居正将官场混乱局面的根本原因归结于人心不正，道德缺失，这是从皇帝背离高尚道德追求，堕落于无尽的个人欲望，对以往官场优良习气产生巨大负面影响后所带来的恶果，并直接导致官僚体系中的各级官员开始沉沦，沉浸在私欲之中无法自拔，使得官场一片混乱。

张居正看在眼里急在心里，他一直在努力寻找解决问题的办法。这股由嘉靖皇帝时代开始的怠政之风，由上至下，蔓延至整个官场。一个连上朝理政都不顾的皇帝，怎能让官僚体系中的官员们臣服？于是他们便纷纷效仿，整个官场乌烟瘴气。张居正深知问题的根本，于是他开始了大力改革，这股由上至下的改革风，一时之间让整个官场风气发生了翻天覆地的变化。张居正首先将改革的目标锁定到了皇帝。一国之君，万人敬仰，他的一举一动会深深影响其他人。张居正清晰而系统地揭示了皇帝应有的责任担当，并将其提高到社会治乱根源的层次来看待，这也体现了张居正作为思想家的觉悟，同时也彰显了他的政治价值诉求。张居正希望皇帝能修炼优良的德行，从而使明朝的颓势能有所改观。好在万历皇帝年纪尚小，而张居正对其教导也是极为严格，在经过张居正十几年如一日的精心教导后，万历皇帝不仅将道德修养作为一种自觉的行为，还积极承担起了皇帝治国理政的责任，远远强于之前的嘉靖、隆庆皇帝。而后张居正把目光转向吏治改革，张居正认为："根本切要，在精察吏治，使百姓平日有乐生之心，则临变而作其敌忾之气。惟高明图之。"[1] 在张居正看来，履职尽责是官德建设的重点环节，对官员道德操守及整个官场道德风气具有决定作用。于是张居正开始率先垂范，为其他人作出了极好的榜样。他兢兢业业、身行力践的为官风格，树立了官场正气，起到了很好的带头示范作用。

针对一直以来官场上存有的庸政懒政风气，张居正及时出台了"考成法"，直接监督官员们履职尽责的情况，让那些抱有侥幸心理、养尊处优的"国家蛀虫"无处可藏。考成法直接以制度的形式对官员的工作情况进行考核评价，并根据考核结果来决定官员是否合格以及是否升迁。严格落实后，那些心存幻想的官员们都不敢以身试法，只能认真做事，不敢麻痹大意。由此大大改变了以往官场之中行政效率

---

[1] 张居正.答两广刘凝斋 [M]// 张居正全集.武汉：崇文书局，2022.

低下的状况。

为了更进一步加强整顿吏治的效果，张居正开始大力整治腐败。以往官场腐败之风盛行，官员们不务正业，中饱私囊，玩忽职守，对国家利益造成了巨大损害。更有甚者，直接将贿赂送到了张居正府上，并伺机对张居正的家人进行收买。张居正本人对此十分厌恶，不仅断然拒绝这种不义之财，还严格约束家人，秉持廉洁的操守。张居正加强惩贪力度，制定奖惩机制，让官员们把主要精力放在履职尽责之上，努力完成好自己的本职工作。

张居正履职尽责的思想，让整个官场风清气正。在张居正的努力下，恪尽职守的良好风气在官场传播开来，进而形成了官员们心中自觉的情感追求，成为了官员们追求的核心道德规范。

张居正官德建设的思想，也有着现代制度伦理思想的内涵。官员有着法定的职责和义务，从事公共管理事务的他们，其公共属性决定了每位官员的职业态度、观念和信仰都理应着眼并落脚于"公共性"，而且官员的行为必须在道德上满足公共性的要求，并在制度上予以明确。张居正大力推进吏治改革，出台了以"考成法"为代表的奖惩制度，对官员行为加以约束，这就将道德原则与国家制度相结合，通过制度来约束官员的行为，使其遵循共同的道德规范。

官德建设和制度伦理都是当代中国改革的重要内容。"现代政府要求实现责任型政府和服务型政府，现代社会公共行政已经从以往的统治行政转变为服务行政，其本质就是服务，而服务型政府就是责任型政府。"[1] 因此，责任意识是现代公务员的第一要求。那么如何实现这一目标呢？这就要求广大干部更好地履职尽责、积极作为。具体说来，现代政府管理要加强官德建设，将传统的道德修养和现代治国理政的理论相结合，用道德教化来节制不合理的欲望，提高干部的理论水平和执政能力，避免因掌握公共资源的分配权力而欲望膨胀、违背官德修养。而制度伦理同样也有着举足轻重的作用，它可以为现代公务员的行为提供制度保证，以此衡量个人利益与集体利益的关系，督促公务员在具体行为中坚守公平公正的伦理原则。同时制度伦理还可以切实提高公务员的制度意识，要求他们遵守制度、执行制度，从而使制度真正起到规范行为的作用。

更重要的是，官德建设与制度伦理紧密相连，需要从根本上处理好他们之间的关系：第一，从制度伦理层面强化官德建设，是官德建设实现的重要途径和有力保障。制度伦理强调建立一定的制度框架，通过具体的制度设计和安排，建立健全伦

---

[1] 徐黎明，孙守春. 政治伦理学 [M]. 北京：中国社会出版社，2011.

理道德的规范、制约和导引机制，对官员行为起到约束作用，并将道德要求上升为制度规定，使行为得到有效的约束，进而影响道德主体的行为方式。第二，制度伦理对官员个体道德进行约束。制度伦理对官员个体的价值追求有着矫正、引导的作用，通过对官员个体行为的调控，为依法治国提供依据，最终把官员个体的行为纳入统一的社会道德秩序中来。第三，制度伦理直接对官员行为进行评价。制度伦理以奖惩机制直接对官员个体行为进行评价，建立惩恶扬善、明辨是非的有力机制。

### （二）应处理好富国与利民的关系

"安民生"是张居正改革的价值旨归。民生问题事关国家安危与社会稳定，也是张居正改革的出发点。张居正认为"利民"就是解决民生问题的关键。只有利民，继而民众安居乐业后，才能从根本上治理好国家，最终巩固政权。在张居正改革的进程之中，他大力推行利民政策，将利民作为治国之本。

在张居正看来，爱民是利民的前提，只有发自内心地对民众怀有深厚的感情，有着对民众的爱，才会在社会治理之时，考虑民众的实际利益，重视民众的承受能力，处理好民众利益与国家利益的关系，最终实现利民。如何利民？张居正儒法相融，将"节用"作为了利民的核心思想并加以落实。

明朝年间，国家开支巨大，不断加大对民众的征收来满足需要。"节用"思想就是通过限制皇家的奢侈性消费、精兵简政、整顿驿站三大措施，大力节省国家经费的开支，缓解明朝的财政危机，从而减轻民众的负担。并且，张居正积极践行"节用"思想，为朝中上下起到了很好的带头作用。

张居正知道"节用"是巩本清源的重中之重。他敏锐地看到统治者与被统治者之间的矛盾主要体现在利益分配上，如果统治者无度地占有和挥霍财富，必然造成民不聊生，官逼民反。今天看来，这一见解仍然是深刻的。

张居正明白要想改变以往无度挥霍的局面，困难是非常大的。如何去除根深蒂固的官场恶习是最关键的。皇帝贵为一国之君，皇帝的态度直接影响下级官员的态度，因此张居正从源头入手。担任万历皇帝老师的张居正，深入浅出，潜移默化地将"节用"思想传递给了皇帝。万历二年，万历皇帝生母慈圣皇太后建涿州二桥，起到了利民的作用。张居正借此勉励万历皇帝，希望他也能心系人民。同时，张居正直接对万历皇帝的不当消费行为加以制止，让皇帝带头"节用"，起到示范与警醒他人的作用。

要想民众可以安居乐业，需要国家有一个稳定的内部环境与外部环境，漕运是沟通内部环境的重要环节。从内部环境上看，由于之前的怠政，洪水泛滥，连年受灾，民不聊生。张居正将治河作为改革的重点，一方面通过开凿运河保证漕运的畅通，另一方面加紧制定治理黄河的办法。"其余河政，自有常规，民患何尝忘念？淮、阳士民乃遂谓朝廷欲置黄河于度外，而不为经理，岂其然乎？"[1] 从外部环境上看，嘉隆时期，边防吃紧，战事不断，如此外部环境，百姓怎能安心生活？张居正把目光聚焦到整顿国防之上，他通过清丈田地为军队提供了充足的粮田，保证了军队的供给，同时要求军队要奋勇争先，能打胜仗："务农讲武，足食足兵，乃今日所最急者，余皆迂谈也。"[2] 张居正构筑了一个坚实的国防系统，保证民众有一个的稳定的外部环境。

儒家学派一直都将"经世济民"作为毕生的事业，而民生问题一直都是儒家人士从政的第一要务。儒家认为富民是解决社会经济问题的关键所在，要保证民众吃、喝、穿、住的基本生活需要，只有民众生活水平提高了，社会才会随之进步，最终社会的道德水平才会得到提升。但是当时的明朝以各种方式对民众进行剥削，导致民众的正常生活无法得到保障，民不聊生。一直以来，民众上缴的收入是国库收入的主要来源，民众要向国家缴纳税收，同时还要承担徭役。在这种不合理的赋役制度下，不少官绅利用手中权力对民众肆意剥削，民众苦不堪言。张居正适时提出"一条鞭法"，合并赋税，简化赋役的征收程序，极大程度地减轻了民众的负担。这是张居正基于对时局的准确把握而做出的改革举措，对症下药，效果明显。之后张居正经过详细的分析，将民众负担过重的来源归结为均徭、赋役、里甲、驿站四个方面："乃有司第一议，余皆非其所急也。四事举，则百姓安；百姓安，则邦本固，外侮可无患矣。"[3]

为了更进一步减轻民众负担，张居正基于民众生存的实际问题向万历皇帝提出："伏望圣明特敕吏部，令其预先虚心访核各有司官贤否，惟以安静宜民者为最；其沿袭旧套、特勒吏部，令其预先虚心，访覈各有司官贤否，惟以安静宜民者为最，其沿袭旧套，虚心矫饰者，虽浮誉素隆，亦列下考。"[4] 张居正试图通过减免以往民众的赋税来起到惠民的效果，由此获得国家的安定，这一想法最后也获得了万历皇帝的支持。

张居正的各项举措起到了利民的实际效果，使得民众生活水平显著提升。而民

[1] 张居正. 答河漕舒按院 [M]// 张居正全集. 武汉: 崇文书局, 2022.
[2] 张居正. 答总宪吴太恒 [M]// 张居正全集. 武汉: 崇文书局, 2022.
[3] 张居正. 答保定巡抚孙立亭 [M]// 张居正全集. 武汉: 崇文书局, 2022.
[4] 张居正. 请择有司蠲逋赋以安民生疏 [M]// 张居正全集. 武汉: 崇文书局, 2022.

众需要有稳定的生活环境，经济上的富裕只是一个方面，还需要有稳定的外部环境为自己的安居乐业提供支撑，而这个稳定的外部环境又依赖于国家的强大。在张居正看来，"富国"是国家稳定的前提，只有国家富裕了，内部外部问题才会得到根本解决，而且国家作为经济调控的主体，对于民众收入的多寡有着决定作用。国家通过大力发展经济，激发全部的社会潜力，实现富国的目标，从而最大限度地实现利民。

所以，张居正通过大力发展商业，由国家建立交换市场，弥补了自身生产的不足，节约了大量资金，提升了国家财政收入，稳定了与少数民族的关系。同时民众可以通过商业活动，踊跃地在交换市场进行商品交换，满足各自之所需，收入得到提高，最终使得国家与民众都能在商业活动中获利。

当前，国家富裕，人民幸福是中国改革的重中之重。强大的国家是我们一直以来追求的梦想。富国利民的发展模式，一方面实现了国家富强的目标，另一方面又对民众的生活有利，从而更加有利于最终目标的实现。将国家利益放在首位，这是个人发展的先决条件，因而重视国家的利益不可或缺，符合社会的道德要求。而对于国家利益的维护并不与维护民众的利益冲突。实现国家利益，并不是一定要损害民众的利益，在国家整体的方针政策之中，可以将国家利益与个人利益紧密结合起来，找到其中的必然逻辑，既利国又利民，最终达到富国利民的目标。如果我们过多地强调对国家利益的维护，忽略了个人利益的满足，没有重视个人合理合法的权益，就会阻碍个人的全面发展。因此，我们应该更加尊重人的合理诉求，只要民众的行为不违背道德和法律的界限，通过个人自己的努力获得的利益，我们就应该给予支持。所以，可以在国家的经济大发展中求得利民，在利民的过程中实现富国。这是站在宏观的高度对国家利益与个人利益实现统一的辩证看法，符合道德要求，有利于社会的全面进步。

## 二、张居正伦理思想对当代中国社会道德建设的启示

修身立德是自古以来君子的追求，本质上是对精神世界的塑造。张居正认为："心正，然后能检束其身，以就规矩，凡所举动，皆合道理，而后身无不修。"[1] 就是要不断检验自己的身心，提高自己的修养，树立高尚的品德，从而最终实现齐家、治国、平天下的最高理想。

---

[1] 张居正.大学[M]//四书直解.北京：九州出版社，2010.

张居正非常注重加强自身修养，强调既要重视先验的德性，也要致力于勤奋学习。通过学习可以提高自身的能力和水平，继而全面提升道德品质。因此张居正将苦志力行作为自己的动力，立志出于流俗，不至于随波逐流，碌碌无为。张居正坚信学习本身就是修身，修身才能立德，整个学习的过程就是一个不断修炼自身德性与涵养的过程，从而最终实现人的自我完善，使人成为道德高尚的人。所以张居正将好学作为先务，通过不停地学习获得儒家入道之门和核心之基。"吾日三省吾身"，初进翰林院的张居正便抓住一切可能得到的资料进行学习，不断反省自己还有哪些不足。后来张居正发现，面对纷繁复杂的问题，自己学识尚浅，还需继续深造，告假还乡，加强学习，提升修养。贯通儒家经典的张居正，又涉猎其他诸子百家之所长，将法家思想与儒家思想相结合，并大胆运用于日后的改革之中，特别是在礼制衰落，纲纪不肃的时代，他适时引入法家思想，强化了法治在国家治理中的重要作用，不仅恢复了社会赖以支撑的礼制，还大大提升了官场的行政效率，加强了对庸政懒政的惩戒力度，国家面貌大为好转。不仅如此，张居正还主张"见贤思齐"，重视圣贤引导示范的作用，鼓励士人多多向圣贤学习，发现并学习自己身边的有贤之人，时刻不忘提升自己的修养。

儒家经典是非常注重道德教化的，不仅涵盖了安身立命的处事原则，还有着深入浅出的道德修养理论，主张通过不断努力学习，完成修身立德。道不可坐论，德不能空谈。张居正将儒家重内在德行修养的美德伦理作为了修身的根本，强化人的道德修养，加强人的道德意识和道德自律。

当前我国大力推进社会主义现代化建设，其最终目的就是要让人民享受到幸福的生活。可以看到的是，我国的经济建设成绩斐然，人民物质生活水平显著提升，但与经济的蓬勃发展相比，道德建设却相对滞后。如何实现经济强大与道德水平的同步提升，是摆在我们面前的重要问题。从本质上看，道德是人们共同生活及行为的准则和规范，需要人们发自内心地对其认同并遵守，又因其并不具备强制性，也就成为了道德建设的难点所在。中国传统社会一直重视道德的重要作用，鼓励人们积极培养优良道德，而张居正更是将修身立德作为根本任务，不断修炼自己的道德操守。

张居正伦理思想对当代中国道德建设有着极大的启示作用：第一，有利于重塑道德信念。道德的主体是人，也是人之为人的本质要求。当代中国道德主体性缺失正是由于道德信念的缺失而引起的，因此重塑道德信念尤为重要。道德信念的重建有赖于个人自身的努力，需要人首先认同道德的重要性，建立起修身立德的信念，积极培育自己优良的德行操守。而从国家层面来说，要营造良好的社会道德氛围，以社会主义核心价值观为依托，适时引入中国传统道德规范中的精华，树立整个社会尊德崇德的氛围。第二，有利于构建完整的道德规范体系。当前，在全球化的背景下，中华传统道德体系有所破坏，导致社会总体道德状况不容乐观。因此，应该将道德建设融入国家治理之中，以社会公德、职业道德、个人品德的建设为落脚点，使道德成为全体人民普遍认同和自觉遵守的行为规范。第三，为将法制作为道德建设的保障提供了依据。道德不具备强制性，需要依靠人的良心自觉地发挥作用，这就使得道德在具体实践中容易被人忽略。因此，需要通过法制的强制作用，对符合社会道德规范的行为进行肯定与奖励，对违反社会道德规范的行为进行否定与惩罚，进而充分发挥道德对人们行为的约束作用。当前社会的很多不良行为的发生，违法和违反道德很多时候是同时存在的。因此，加大对失德行为的惩治力度，可以有效树立社会正气。

"空谈误国，实干兴邦"，当代中国道德建设，需要每一个人的共同努力。只有不断加强道德建设，才能为建设社会主义现代化强国，实现中华民族伟大复兴的中国梦提供有力支撑。

# 结 语

　　张居正伦理思想体系体现出明显的集大成性。饱读儒家之经典的张居正，失意于险恶的官场，而后沉心修炼，杂糅法家之经典，本着敦本务实的态度，以经世致用为原则，形成了其独具特点的伦理思想体系。张居正兼容法家思想合理性因素，弥补了儒家德性伦理的不足，实现了理想主义和现实主义的完美融合，更加适应社会的需要。张居正重视道德修养，崇尚精神气节，从解决民生问题出发弘扬儒家民本思想，并结合法家思想，强化依法治国，开启了长达十年的改革历程。可以说张居正伦理思想蕴含着中华优秀传统美德的独特精神气质。

　　通过查阅与张居正思想研究相关的资料发现，以往对其思想的研究中，大多学者从历史学、政治学、法学的角度进行论述，很少有人从伦理学的角度出发去研究张居正思想，这对于张居正思想研究来说确实有些遗憾。"明朝著名的政治家"是学界对张居正一致的评价，但张居正除了有政治家的身份之外，又或者说张居正除了有鲜明的政治思想之外，我们发现张居正还有着丰富的伦理思想。将研究张居正思想的角度放到了伦理学之上，可以在研究张居正思想方面有所突破，拓展张居正思想研究的范围。

　　本研究的目的就在于：第一，通过对相关文献资料的搜集整理，系统地梳理张居正的伦理思想，归纳张居正伦理思想的主要内容，深入挖掘张居正伦理思想的特色所在，以此构建张居正伦理思想的系统性逻辑体系；第二，运用辩证唯物主义和历史唯物主义，找出张居正伦理思想中的创新成分，深入分析张居正伦理思想对当时社会发展所产生的作用与贡献；第三，从张居正伦理思想出发，挖掘其中深刻的理论价值，为解决当下实际问题提供借鉴。

通过研究发现，张居正伦理思想具有强烈的时代性。张居正所处的是一个满目疮痍，危机四伏的时代。当时的明朝，礼乐无存，纪纲不振，民不聊生。在如此局面下，思想文化模式亟待改变，张居正伦理思想就是在这样的需求下形成和发展起来的。张居正伦理思想的产生与其历时十年的改革紧密相连。张居正伦理思想是在其改革活动的过程中形成的，并指导改革的整个进程，因此他的伦理思想具有强烈的现实意义。以此，张居正形成了自己独特的伦理思想体系，这种经世致用的学术特色，对后世伦理思想的发展产生了深远影响，具有极高的学术价值。

张居正伦理思想是在其改革活动中形成的，因此张居正改革有着极强的伦理学意蕴，并且其伦理思想也随着改革的不断推进而逐渐走向深入。从张居正伦理思想的内在逻辑看，它主要由官德思想、教育伦理思想构成，兼容儒家伦理思想与法家伦理思想，有着将富国与民本思想相统一、功利主义的显著特点。张居正伦理思想发挥了治国安邦、经世济民、提升人格、陶冶情操的良好作用，起到了革除积弊、匡正人心的实际效果，有着极高的伦理学价值。

张居正在道德修养上有着独特的见解。张居正重视人所具有的社会属性，主张通过修身与教化实现自我升华。秉持着勇于担当、勤政守职、意志坚定的品格，张居正不断修炼自己的道德情操，还影响着当朝万历皇帝的道德修养。张居正一针见血地指出，道德修养涵盖了人类社会的各个方面，国无德不兴，人无德不立，官无德不为。身处官场，官至首辅的张居正非常重视为官的道德修养，他憧憬着皇帝能效法尧舜敬以修身，继而推尧舜之心治理国家，这样德行就会和尧舜一般，何患天下之衰。而各级官员也一定要加强道德修养，将"德"当作为官的第一要义，时刻用道德规范自己，不能消极懈怠，避免敷衍堕落。这是张居正对儒学思想的继承，同时他又把这些思想落实到实际行动中，表现出自己的道德操守。但是张居正克服了先秦儒家思想在政治实践中的理想主义色彩，他认为光靠这种类似于说教的方式鼓励官员们提升道德修养是不够的，因为道德修养需要人持之以恒的坚持，一旦放松警惕，怠慢了修养，道德就会出现问题，而明朝的弊病就是人思想堕落造成的。所以张居正大胆融入法家"法治"思想，加强了对官员不良行为的惩治力度，直接从制度上约束官员的行为。这样一来，一方面利用儒家思想对官员进行教育，唤起他们内心以天下为己任的责任感，激发他们在关键时刻能够挺身而出的奉献精神；另一方面从法家主张的性恶论出发，强化法对官员德行缺失的惩罚，以制度的形式将官员所承担的责任转化为道德自律。而后，张居正还将道德修养推及到家庭教育之中，将培养孩子的优良品德伴随家庭教育的始终，坚信道德财富才是家庭财富的根本。

张居正伦理思想对于人伦关系的判定有着积极的贡献。人伦关系的标准是礼，君臣之间、父子之间、子女之间都以礼为依据。所以张居正力主恢复礼制，树立皇帝的绝对权威，改变之前朝廷礼制荒废的局面。随后坚持君臣先于父子但从道不从君的原则，为君主呕心沥血，循循善诱地教育年幼的万历皇帝，为了忠君不惜"夺情"，这都是对先前家国同构的社会伦理状况的反映和修补。

在重新确立了人伦关系的秩序后，张居正将德治与法治并举的观点作用于国家治理之中。他按照儒家思想的轨迹，一直致力于培养"圣德"，他告诫万历皇帝有德才能治天下。在对万历皇帝的教育上，张居正不仅积极培养万历皇帝对道德规范和伦理秩序的感知，还使皇帝精通政治制度和法律规定，以实现"内圣外王"的目标。虽然张居正强调了"德治"在国家治理中的重要作用，但他认为"法"才是维护封建统治秩序及国家稳定的根本手段，"法"至高无上，一定要申明法令，奖赏有德之人，惩罚有罪之人，绝不姑息，更不能胡乱实行"仁道"，这样才是合乎天道的做法。

治理天下的重点就是富国而利民。富国是前提，而后实现利民最大化。张居正主张利民，强调人民安定，社会也就会稳定，这是张居正对儒家"民本"思想的继承。一方面，张居正本着"节用以爱民"的思想，主张减少皇家消费及政府部门不必要的开支，大大节约了国家资源，减轻了人民负担；另一方面，张居正按照儒家"经世济民"的思想，将富民当作为政要务，主张民众富裕之后，再进行道德教化，国家自然就会安定团结。

张居正民本思想肯定了物质财富对道德的作用，主张通过满足民众物质资料需要来提升整个社会的道德水准，并鼓励民众追求合乎道德原则的财富。张居正本着和合互利的原则，在成功推行一条鞭法的基础之上，积极促进商品流通，利用工商业的交换来获取财富的方式，弥补了自然环境造成的农业生产不足，满足人们生活必需。

张居正看到了商业的蓬勃发展所带来的巨大社会效应后，创造性地提出了"厚商而利农"的伦理思想，成为了中国古代提出"农业与商业并重"思想的第一人。这是张居正基于商业的快速发展，对农业与商业关系的重新认识，这也从根本上否定了以往"重本饬末"伦理思想，最终形成了"富国强兵"的功利主义追求。"厚商而利农"的伦理思想促进了明朝商业的蓬勃发展，为边疆带来了和平，为国防建设奠定了坚实基础。

张居正伦理思想具有历史的合理性和价值性，蕴涵着丰富的道德资源，是中国伦理思想的重要组成部分。但由于历史环境等原因，张居正伦理思想也有局限性。例如在"夺情"的争议中，张居正借助"法制"，严苛地对部分反对派进行打击报复，手段过于残酷，遭受了很大的非议。但看看张居正去世后万历皇帝对其改革的全盘否定甚至倒行逆施的结果，得到的是本来还有一丝希望的明朝最终彻底沉沦，为此清代史学家还提出"明朝亡于万历"的观点。纵然明朝灭亡有着其制度本身的劣根性，但离开张居正的万历皇帝如同脱缰野马一般，为所欲为，也侧面反映了张居正对君主道德教育的失败。贵为君王之师的张居正，忽视了对皇帝健全人格的培养。由于诸多治国理政方面的事务已由张居正代为处理，这就形成了万历皇帝对张居正极度依赖的状况。虽然张居正也曾想过放手，也知道久留皇帝身边的隐患，甚至最后还主动请辞，但是未获皇帝批准。纵然张居正想通过严格要求万历皇帝，培养一名德才兼备的圣君，但事与愿违。张居正为万历皇帝量身定做了完备的教学体系并督促其努力学习，但却连书法这个皇帝的爱好都加以剥夺，显然这对于皇帝健全人格的培养是不利的。张居正不知道压迫越大反抗就越大，最后事与愿违，适得其反，也就有了张居正去世后，学生对恩师疯狂的报复，这是对张居正道德教育的莫大讽刺。

瑕不掩瑜，从历史的角度来评判，张居正本人无疑是伟大的，其伦理思想意义非凡，弥足珍贵。张居正用一生的时光实现了儒家伦理与法家伦理的完美结合，推进了实学的发展。张居正内修德行，外用法治，以天下为己任，最终起到了经邦济世的实际效果。从这个意义上来说，张居正伦理思想不仅奠定了后世伦理思想发展的基本方向，还催生出一代代仁人志士，成为以天下为己任的国家脊梁。

我们应以正确的态度对待包括张居正伦理思想在内的中国传统伦理思想，吸取其中的精华部分，并进行创造性转化与创新发展，在尊重传统的同时实现对传统的超越。

# 参考文献

## 一、著作类

[001] 张廷玉. 明史 [M]. 北京：中华书局，1974.

[002] 高拱. 高拱全集 [M]. 郑州：中州古籍出版社，2006.

[003] 张居正. 张居正全集 [M]. 武汉：崇文书局，2022.

[004] 明实录 [M]. 上海：上海书店出版社，1982.

[005] 黄宗羲. 明文海 [M]. 北京：中华书局，1987.

[006] 沈德符. 万历野获编 [M]. 北京：中华书局 1989.

[007] 李贽. 李贽文集 [M]. 北京：社会科学文献出版社，2000.

[008] 夏燮. 明通鉴 [M]. 北京：中华书局，1999.

[009] 黄宗羲，沈芝盈. 明儒学案 [M]. 北京：中华书局，1985.

[010] 谷应泰. 明史纪事本末 [M]. 北京：中华书局，1977.

[011] 刘献廷. 广阳杂记 [M]. 北京：中华书局，1997.

[012] 钱穆. 国史大纲 [M]. 北京：商务印书馆，1996.

[013] 孟森. 明史讲义 [M]. 长春：吉林出版集团，2016.

[014] 陈翊林. 张居正评传 [M]. 北京：中华书局，1934.

[015] 朱东润. 张居正大传 [M]. 天津：百花文艺出版社，2000.

[016] 熊十力. 韩非子评论——与友人论张江陵 [M]. 上海：上海书店出版社，2007.

[017] 刘志琴. 张居正评传 [M]. 南京：南京大学出版社，2006.

[018] 熊召政. 明朝帝王师 [M]. 北京：北京十月文艺出版社，2013.

[019] 郦波. 风雨张居正 [M]. 北京：中国民主法制出版社，2009.

[020] 肖少秋. 张居正改革 [M]. 北京：求实出版社，1987.

[021] 樊树志，吴琼，金波. 铁血首辅张居正 [M]. 上海：上海文化出版社，2008.

[022] 傅衣凌，杨国桢，陈支平. 明史新编 [M]. 北京：人民出版社，1993.

[023] 黎东方. 细说明朝 [M]. 上海：上海人民出版社，1997.

[024] 唐文基. 明代赋役制度史 [M]. 北京：中国社会科学出版社，

1991.

[025] 嵇文甫. 晚明思想史论 [M]. 北京：中华书局，2018.

[026] 韦庆远. 暮日耀光：张居正与明代中后期政局 [M]. 南京：江苏凤凰文艺出版社，2017.

[027] 田澍. 嘉靖革新研究 [M]. 北京：中国社会科学出版社，2002.

[028] 李洵. 明史食货志校注 [M]. 北京：中华书局，1982.

[029] 蒙培元. 中国哲学主体思维 [M]. 北京：人民出版社，1993.

[030] 王阳明. 传习录 [M]. 北京：中国画报出版社，2012.

[031] 张立文. 宋明理学研究 [M]. 北京：人民出版社，2002.

[032] 葛荣晋. 中国实学思想史 [M]. 北京：首都师范大学出版社，1994.

[033] 姚才刚. 儒家道德理性精神的重建：明中叶至清初的王学修正运动研究 [M]. 北京：中国社会科学出版社，2009.

[034] 袁中道. 柯雪斋集 [M]. 上海：上海古籍出版社，1989.

[035] 冯友兰. 中国哲学史 [M]. 上海：华东师范大学出版社，2000.

[036] 余敦康. 中国哲学论集 [M]. 沈阳：辽宁大学出版社，1998.

[037] 黑格尔. 法哲学原理 [M]. 范扬，张企泰，译. 北京：商务印书馆，1961.

[038] 邓广铭. 北宋政治改革家王安石 [M]. 北京：北京出版社，2016.

[039] 王世贞. 嘉靖以来内阁首辅传 [M]. 郑州：中州古籍出版社，2016.

[040] 罗国杰. 伦理学教程 [M]. 北京：中国人民大学出版社，1997.

[041] 贺麟. 文化与人生 [M]. 北京：商务印书馆，2015.

[042] 吕祖谦. 吕祖谦全集 [M]. 杭州：浙江古籍出版社，2008.

[043] 司马光. 温公家范 [M]. 天津：天津古籍出版社，1995.

[044] 祝瑞开. 中国婚姻家庭史 [M]. 上海：学林出版社，1999.

[045] 王利器. 颜氏家训集解 [M]. 北京：中华书局，2002.

[046] 戴木才. 政治文明的正当性——政治伦理与政治文明 [M]. 江西：江西高校出版社，2004.

[047] 陈来. 仁学本体论 [M]. 北京：生活·读书·新知三联书店，2014.

[048] 朱承. 治心与治世——王阳明哲学的政治向度 [M]. 上海：上海人民出版社，2008.

[049] 杨国荣. 善的历程 [M]. 上海：上海人民出版社，1994.

[050] 南炳文，庞乃明. “盛世”下的潜藏危机——张居正改革研究 [M]. 天津：南开大学出版社，2009.

[051] 柏拉图. 理想国 [M]. 北京：商务印书馆，1995.

[052] 娄曾泉，颜章炮. 中国历史大讲堂——明朝史话 [M]. 北京：中国国际广播出版社，2007.

[053] 唐凯麟，陈科华. 中国古代经济伦理思想史 [M]. 北京：人民出版社，2004.

[054] 陈真. 当代西方规范伦理学 [M]. 南京：南京师范大学出版社，2002.

[055] 罗炽，白萍. 中国伦理学 [M]. 武汉：湖北人民出版社，2002.

[056] 陈生玺. 帝国暮色：张居正与万历新政 [M]. 杭州：浙江古籍出版社，2012.

[057] 李泽厚. 中国古代思想史论 [M]. 北京：人民出版社，1985.

[058] 徐黎明，孙守春. 政治伦理学 [M]. 北京：中国社会出版社，2011.

## 二、期刊类

[059] 曾军.《张居正》：改革的辩证法 [J]. 长江大学学报（社会科学版），2005(3).

[060] 赵阳. 张居正改革成败刍议 [J]. 理论界，2009（9）.

[061] 韩晓洁. 政治家的人格与改革的成败——论张居正改革失败之个人因素 [J]. 长江大学学报（社会科学版），2004(1).

[062] 杨聪. 张居正改革的文化解读 [J]. 寻根，2015(2).

[063] 张海瀛. 从考成法看张居正的"虚君"思想 [J]. 朱子学刊，1994（1）.

[064] 胡铁球. 新解张居正改革——以考成法为中心讨论 [J]. 社会科学，2013(5).

[065] 万明. 传统国家近代转型的开端：张居正改革新论 [J]. 文史哲，2015(1).

[066] 尹选波. 论张居正的教育改革 [J]. 广东社会科学，1999(2).

[067] 刘万帅，田良臣. 张居正学政改革的课程思想及其启示 [J]. 贵州师范大学学报（社会科学版），2011（5）.

[068] 张海瀛. 张居正军事改革初探 [J]. 晋阳学刊，1986（1）.

[069] 展龙. 张居正改革时期民族政策得失论 [J]. 民族论坛，2013(7).

[070] 吴建华. 关于王安石与张居正清丈土地迥异结局的探析 [J]. 广东社会科学，1995(4).

[071] 蒿峰. 范仲淹、王安石、张居正变法异同论 [J]. 山东社会科学，1988(6).

[072] 李锦全. 试论张居正在哲学上的尊法反儒思想 [J]. 中山大学学报（哲学社会科学版），1975(1).

[073] 于树贵. 张居正经世实学思想初探 [J]. 湖南师范大学社会科学学报，2005(6).

[074] 高寿仙. 治体用刚：张居正政治思想论析 [J]. 江南大学学报（人文社会科学版），2013（1）.

[075] 熊焱. 张居正讲评《诗经》的思想渊源探析 [J]. 重庆第二师范学院学报，2018（4）.

[076] 南炳文. 发人深省的张居正改革 [J]. 百科知识，1995（9）.

[077] 俞荣根. 法先王：儒家王道政治合法性伦理 [J]. 孔子研究，2013（1）.

[078] 赵改萍，席永刚. 张居正"一条鞭法"与农村税费改革之比较 [J]. 经济研究导刊，2010（31）.

[079] 王爱莲. 试论家庭伦理与家庭教育的关系 [J] 山西广播电视大学学报，2018（3）：39.

[080] 高寿仙. 张居正政治思想阐释 [J]. 渤海学刊，1992（4）.

[081] 闫鑫. 试析荀子王霸兼用的思想 [J]. 晋中学院学报，2014（6）.

[082] 姚才刚，樊兰兰. 先秦儒道墨的民生观及其当代价值 [J]. 湖北行政学院学报，2010（5）.

[083] 朱伯崑. 重新评估儒家功利主义 [J]. 哲学研究，1994（4）.

[084] 经济研究室中国经济思想史组. 张居正的财政思想 [J]. 中南财经政法大学学报，1975（4）.

[085] 魏春初，朱宁峰. 中国传统"三不朽"价值目标及其现代性指向 [J]. 绍兴文理学院学报，2012（5）：41.

[086] 田澎."大礼议"视阈下的张居正夺情与政治剧变 [J]. 学术研究，2017（3）.

[087] 樊忠涛. 张居正夺情始末研究 [J]. 宜宾学院学报，2007（1）.

[088] 赵克生. 略论明代文官的夺情起复 [J]. 西南师范大学学报，2006（5）.

[089] 齐悦. 关于张居正乘坐32人抬大轿的谣言 [J]. 文史杂志，2018（6）.

[090] 刘岐梅. 论张居正禁讲学 [J]. 孔子研究，2004（5）.

[091] 任冠文. 论张居正毁书院 [J]. 晋阳学刊，1995（5）.

### 三、学位论文类

[092] 曹县委. 论张居正的政治伦理追求 [D]. 南宁: 广西民族大学, 2017.

[093] 史曦禹. 明代辽东地区驿站研究 [D]. 大连: 辽宁师范大学, 2014.

[094] 张迁. 张居正教育思想研究 [D]. 武汉: 华中师范大学, 2005.

[095] 任同振. 张居正与北方边政 [D]. 呼和浩特: 内蒙古大学, 2012.

[096] 张怡涵. 张居正改革时期边疆民族思想研究 [D]. 开封: 河南大学, 2018.

[097] 李芳. 张居正为政思想研究 [D]. 桂林: 广西师范大学, 2006.

[098] 李辽强. 王廷相教育伦理思想研究 [D]. 长沙: 湖南师范大学, 2010.

[099] 吕红平. 先秦儒家家庭伦理及其当代价值 [D]. 保定: 河北大学, 2010.

[100] 唐曾. 管子经济伦理思想 [D]. 南京: 东南大学, 2005.

[101] 陈世民. 论财富伦理——关于财富的经济伦理学考察 [D]. 长沙: 湖南师范大学, 2010.

[102] 周俊敏. 《管子》经济伦理思想研究 [D]. 长沙: 湖南师范大学, 2002.

[103] 李维睿. 略论明代官员丁忧制度 [D]. 重庆: 西南政法大学, 2011.

### 四、报纸类

[104] 牟钟鉴. 见贤思齐焉, 见不贤而内自省也 [N]. 光明日报, 2015-9-21 (2).

[105] 齐悦. 铁腕宰相张居正的教子之道 [N]. 济南日报, 2019-9-25 (4).

[106] 齐悦. 张居正的教子之道 [N]. 西安晚报, 2018-12-9 (10).

# 后 记

本书缘起我的博士论文，写作前前后后持续了三年有余，现在终于出版，内心无比激动。

我在湖北大学哲学学院度过了十年的求学时光，取得了硕士学位与博士学位，留下了无数美好的回忆。十年的湖大哲学学院情缘，让我在哲学这片思辨的星空下继续漫步，感受哲学的独特魅力。

毕业后，我在长沙师范学院和湖南省教育科学研究院博士后科研工作站期间，继续着与自己博士论文相关的研究，并历经反复修改，才有了本书的诞生。一路走来，要感谢的人和事有太多太多。我要衷心地感谢我的博士生导师——姚才刚教授。姚老师博学多识，诲人不倦，不嫌弃我才薄智浅，在专业课程的学习和论文写作过程中，姚老师总能给我提纲挈领的指导，让我少走弯路。姚老师严谨治学的态度一直深深影响着我，让我在学术研究的道路上能够沉下心来钻研。

我要感谢我的硕士生导师——舒红跃教授，舒老师对我的关心与爱护，让我不断前进。

我要感谢我的博士后合作导师——湖南省教育科学研究院副院长杨敏研究员，杨老师对我的授业解惑和鼓励，帮助我不断历练。

我要感谢我的父母，他们赐予了我生命，给了我受教育的机会，教会我成人。

最后，我要感谢所有在本书写作期间帮助过我的人，谢谢大家的理解与包容。

张黎

2023 年 8 月